其身正 不令而行

做一个有影响力的人

主编 拾 月
编著 陈志华

图书在版编目（C I P）数据

其身正　不令而行：做一个有影响力的人 / 陈志华编著. -- 北京：现代出版社, 2015.4（2024.12重印）
ISBN 978-7-5143-3526-2

Ⅰ. ①其… Ⅱ. ①陈… Ⅲ. ①成功心理 – 青少年读物
Ⅳ. ①B848.4-49

中国版本图书馆 CIP 数据核字(2015)第 067785 号

其身正　不令而行：做一个有影响力的人

主　　编　拾　月
编　　著　陈志华
责任编辑　王敬一
内文制作　诚美天下文化传播有限公司
出版发行　现代出版社
地　　址　北京朝阳区安外安华里 504 号
邮　　编　100011
电　　话　(010)64267325
传　　真　(010)64245264
邮　　箱　xiandai@cnpitc.com.cn
网　　址　www.1980xd.com
印　　刷　唐山富达印务有限公司
开　　本　700mmx1000mm　1/16
印　　张　9
版　　次　2015 年 5 月第 1 版　2024 年 12 月第 4 次印刷
书　　号　ISBN 978-7-5143-3526-2
定　　价　57.00 元

前言

每个青少年，都是这个社会中最宝贵的财富，正所谓“少年强则国强”，大至一个民族、一个国家，小至一个家庭、一个家族，都应重视青少年的教育问题。除此之外，也应该重视青少年在这个青春期里，是否能够感受到人世间的善、恶、美、丑。在每个人的人生中，除了需要自身独特的性格之外，还需要拥有感受世界的能力。

魅力、活力，能够释放独特自我，展示该有的青春形象。

魔力、影响力，能够修炼出独特的品性，散发阳光般的魅力。

自控力、注意力，能够时刻反省自身，不脱离人生正常的轨道。

思考力、发展力，能够拓展聪明才智，提升自身的竞争力。

情商力、记忆力，能够全面在社会上的竞争力，助力前行的脚步。

青春，是每一个人最美好的一段时光，也是每个人人格、性格定型的重要阶段，在这个时期，我们需要享受青春的快乐，同时也需要完成自我塑造。通过心理自助，最终从一个小男生、小女生逐渐成长为一个有着健全人格的人，成长为一个对社会、对家庭、对自我有着相对完整认知的人，成长为能够为自己的未来做主的人。这才是一个最充实、最有价值的青春。每个梦想都值得我们认真对待，每个青少年都是未来的希望。在青春之中，我们不仅要有欢乐，同时也要拥有未来！

本丛书是你化解烦恼的“心灵鸡汤”，可以给你增加快乐的心理自助法则；本丛书会让你认识到：掌控心理，方能掌控世界；改变自己，才能改变一切。本丛书还将告诉你：只有实现积极的心理自助，才能收获快乐而充实的青春。

目录

第一篇 彰显魅力:让自己变得更加优秀

第二篇 兴出类拔萃:树立自己的权威

第三篇 人情练达:为人处世需谨慎

目录

第四篇 个人形象：影响力的暗码

第五篇 积极心态：正确掌控影响力

第一篇

彰显魅力：让自己变得更加优秀

人生中最大的成功不是获得地位、名誉和金钱，而是拥有魅力。魅力是智慧的心曲，是思想的灯盏，是灵魂的美韵。与有魅力的人交往，如品香茗，如沐阳光，如临春风。因为，魅力中蕴藏着美好，它高贵而典雅，清新而透明。

宽容待人，给予他人尊重和信任

故事话题

有一次，在开往费城的火车上，中途一个妇人上了车，走入一节车厢，坐在了座位上。这时候，走过来一位略显肥胖的男人，坐在了这个妇人对面的座位上，并点了一根香烟。她禁不住咳了几声，身子也挪来挪去。

可是，这个男人丝毫没有注意到妇人的暗示。最后，妇人终于忍无可忍地说道：“你多半是外国人吧？难道你不知道这趟车有一节吸烟车厢？这里是不允许抽烟的。”

那个男人一声不吭地掐灭了香烟。

过了一会儿，列车员过来对妇人说：“对不起，女士，这里是格兰特将军的私人车厢，请您离开。”妇人听了大吃一惊，站起来就往门口走。她看着将军一动不动的身影，心里有些慌张和害怕。而整个过程中，将军仍像刚才那样表现出了他的宽容，没有给妇人任何难堪，甚至连取笑嘲弄她的神情都没有。

故事解析

将军在妇人面前表现出了自己的宽容，他顾及到了妇人的尊严，让她备受感动。在人际交往中，如果你能以豁达的心胸面对别人的过失，你会发觉这样会赢得更多的尊重。

阿诺德说过：“宽容是在荆棘丛中长出来的谷粒。”宽容使人清醒、使人明智、使人坦然、使人明辨是非。宽容胜过一剂良药，不仅能给对方带来好心情，而且也可以使自己身心舒畅。

如果说苛责、仇恨和嫉妒是人心中的沙漠，那么宽容便是绿洲和河流。多一分宽容，多一分尊重，多一分信任，我们的人生也就会变得更加丰富精彩。

法国文学大师雨果曾说过这样一句话：“世界上最宽阔的是海洋，比海洋宽阔的是天空，比天空更宽阔的是人的胸怀。”宽容是一种至高无上的美德。因为宽容包含着人的心灵，它可以超越一切。

故事穿越

一座寺院有位德高望重的长老。

一天，这位长老在寺院的高墙边发现了一把椅子，他知道这是贪玩的小和尚借此越墙到寺外去玩。于是长老搬走了椅子，站在那儿等候。

午夜，外出的小和尚回来了，他爬上墙，再跳到“椅子”上，他觉得“椅子”踩上去的感觉有点儿怪，不似先前硬，软软的甚至有点儿弹性。落地后小和尚定睛一看，才知道椅子已经被挪走了，刚才是长老用背脊来承接他的。

小和尚仓皇不已，以后的一段日子他都诚惶诚恐等候着长老的发落。但长老并没有这样做，甚至压根儿没提及这件“天知地知你知我知”的事。

小和尚从长老的沉默和宽容中获得启示，他收住了心，再没有去翻墙，通过刻苦的修炼，成了寺院里的佼佼者，若干年后，成为寺院的住持。

故事微语

长老用宽容给予小和尚尊重，让他最终获得启示，有所成就。一个有志向的人，宽容对他来说是一门不可或缺的人生必修课。

宽容是一种胸怀。人要成大事，就一定要有开阔的胸怀，这样才能够取得事业上的成功与辉煌；宽容是一门交际的艺术，它润滑了彼此的关系，消除了彼此的隔阂。宽容能够打开两颗相对封闭的心灵，懂得宽容的人生是美丽的。

宽容他人，给予他人尊重和信任，同时也是赐予自己幸福和快乐；宽容更是一种智慧、一种博大的情怀。宽容是一种积极的生活态度和高尚的道德观念，它不仅体现着人性的仁爱，更体现着一种智慧的心态。给予他人微笑和友善，你的心灵会很踏实和轻松，也只有怀着一颗宽容之心的人，才会看到生活中更美好更真诚的一面。

学会宽容，也许这正是人生处世最高深、最艰难的修炼，谁的修炼最成功，谁在生活中得到的益处就最多。正所谓吃亏是福，忍让是德。宽容是我们每一个人都应该具有的良好道德和修养。

心灵箴言

与人为善就是善于宽谅。

——[美] 弗罗斯特

宽宏精神是一切事物中最伟大的。

——[英] 欧文

遇方便时行方便，得饶人处且饶人。

——吴承恩

宽容并不是姑息错误和软弱，而是一种坚强和勇敢。

——周向潮

宽容就像天上的细雨滋润着大地。它赐福于宽容的人，也赐福于被宽容的人。

——[英] 莎士比亚

放低姿态，谦逊开出动人的花

故事话题

领导香港电影新潮流的大导演许鞍华为人非常谦逊。

有一天，香港一档电视节目采访她，主持人问她是不是觉得自己特别出色，因为香港很多导演刚开始出道时都是在她的手下当助手的。

许鞍华笑着说："出色？不，我很自卑呢。"随即孩子似的讲了一堆"大道理"，"我长得这么不好看，分不清左右，学不会开车，常常把油门当刹车踩，而且我不会煮饭，不会做家务，在生活中几乎是一个废人，人多的时候，我还不会讲话……所以我非常自卑。自卑的好处是我得加倍努力，结果我有一样出色了，在上学时我的学习成绩是一流的，没有考过第二名，后来我出来工作，能感受到电影的美好，能捕捉到美丽的瞬间，但我还是很自卑，因为我总是留下了遗憾，超越不了自己。"

故事解析

成功来自于谦逊，从许鞍华诚言“自卑”的谦逊中不就折射出成功的真谛吗？性格豪放者心胸必然豁达，壮志无边者思想必然激越，思想激越者必然容易触怒世俗和所谓的权威。所以，社会要求成大事者能够隐忍不发，低调做人。

一位西方的哲人曾经说过：“一滴水的最好去处是什么地方？那就是大海。”每个人都只是大海里的一滴水，所以，倒不如放下身段，谦逊做人。实际上，谦逊绝不会使高贵者变得卑微，相反，倒更能增强人们的崇敬之情。这样的人把自己的生命之根深深扎在人民大众这块沃土之中，哪能不根深叶茂、令人敬重呢？

谦逊不仅是一种为人的品格，而且是一种做人的策略。做人贵在谦逊。《周易·谦卦》中说：“谦谦君子，卑以自牧。”意思是说：有道德的人，总是以谦恭的态度，自守其德，修养自身。一个谦虚的人更有可能获得周围人的认同，从而使自己的社交变得更加游刃有余。同时，谦逊的心态又使自己具备认真做事的精神，更加踏实和敬业。

故事穿越

2010年3月11日，福布斯全球富豪排行榜发布，墨西哥电信老板卡洛斯·斯利姆·赫鲁以535亿美元的身价登上首富宝座，而曾经连续13次登上全球首富的美国人比尔·盖茨则以530亿美元的身价屈居第二位。

消息传来之后，墨西哥国内一片欢腾。很多媒体记者蜂拥而至，聚集在墨西哥城郊的卡洛斯·斯利姆·赫鲁的豪宅门外。两个门卫不停地对记者们说着："对不起，先生们，赫鲁先生一向不喜欢接受采访。不好意思……"

然而，这些记者怎么会轻易离开呢！他们纷纷嚷着要面见赫鲁先生。

正在这时，赫鲁先生的管家从宅内走了出来："尊敬的朋友们，赫鲁先生正在大厅里等着大家。欢迎采访！"

管家的话还没说完，门外已是欢呼一片。

花园里，年近七旬的赫鲁先生正坐在躺椅上，慈眉善目地望着大家。记者们一拥而入，纷纷抢占着有利位置，闪光灯开始不停地闪烁。

"赫鲁先生，此次摘得全球首富的桂冠，您有什么感想？"

"赫鲁先生，您对当前全球的经济形势有什么看法？"

"……"

赫鲁先生轻轻抬起手来，示意大家不要说话。人群马上安静下来。

"感谢各位的光临，但是，我真没有什么好说的。我让大家来，只是想借此机会告诉大家，真正的首富并不是我，而是比尔·盖茨先生！因为，在过去的五年里，比尔·盖茨先生一共向社会捐出了240亿美元的个人财富。要不然，他的财富会远远超过于我。而我，这次被评为新的首富，只能说明我为大家做得还很不够。对此，我感到十分遗憾。"说完这些，赫鲁先生转身缓缓离去。

现场一阵短暂的沉默之后，响起了雷鸣般的掌声。

故事微语

谦逊做人就是低调做人。大度睿智地低调做人，有时比横眉冷对的高高在上更有助于问题的解决。对他人的小过以大度相待，实际上也是一种低调做人的态度，这种态度会使事情很好地获得解决。

如果一个人总是以高姿态示人，可能就会发生落难的悲剧；如果放下身段，抛开身份，也许会发现，面前的路越走越宽；如果降低姿态，低调做人，也许在不知不觉中就会发现，自己得到的更多。

对于遭遇困境的人来说，降低姿态，放下架子，抛开面子，眼前的困难即可能会轻松地解决掉。而对于一些相对比较成功的人来说，降低姿态，与大家平等相处，非但没有人觉得你失去了面子，反而会让大家更加尊重你。

一个谦逊的人能够集聚力量，他能够避免给别人造成太张扬的印象，这样的印象恰好能够使他在生活和工作中不断积累经验与能力，最后达到成功。

心灵箴言

不傲才以骄人，不以宠而作威。

——诸葛亮

劳谦虚己，则附之者众；骄慢倨傲，则去之者多。

——葛洪

念高危，则思谦冲而自牧；惧满盈，则思江海下百川。

——魏徵

恃国家之大，矜民人之众，欲见威于敌者，谓之骄兵。

——魏相

九牛一毫莫自夸，骄傲自满必翻车。历览古今多少事，成由谦逊败由奢。

——陈毅

行动起来，才能步入成功的殿堂

故事话题

一次，一个穿着寒酸的小男孩来到一个繁忙的建筑工地，他看见一个叼着烟斗、派头十足的老板在指挥他的工人。心生羡慕，便鼓起勇气问老板：“我以后怎么样才能像你这样富有？”

老板停下手头的工作，愣了一会，给这个小男孩讲了一个故事。他说：“在深圳，某电子厂有三个工人在一道工序上工作，一次工作的间隙，甲说：‘我将来一定要自己做老板。’乙说：‘这个臭地方，又脏又累，早出晚归不说，还挣不了几个钱。’丙听了他们的话，什么也没有说，他用空余时间检修着机器，思索着从哪里着手。

“一晃几年过去了，甲在工作的间隙仍旧说着：‘我自己以后要当老板……’乙则找了一个借口退休了。至于丙，他成了那家公司的大老板，而且，还把公司管理得井井有条，业务蒸蒸日上。”

老板说完，问小男孩：“你听明白我讲的故事了吗？小家伙，无论做什么都要好好干，只有干事的人才能当上大老板。”

小男孩满脸疑惑，惊奇地望着老板。这时，老板用手指着那些正在架子上干活的工人说：“你看到他们了吗？他们全是我的工人，有的我还记不住他们的名字，甚至有的根本就没有印象。在他们之中，有一个晒得红红的家伙，就是穿着红色衣服的那个人，他以后肯定会出人头地。”老板接着说：“我很早就注意到了他，他干活总是比别人卖力，每天他都是第一个来到工地上班，下班也是最后一个走。加上他穿得格外醒目的红衬衫，使得他特别出众。我现在就去找他，请他当我的副手……”

故事解析

成功者之所以能够获得成功，因为他意识到成功只能在行动中产生。机遇不留给那些只会说大话而不去努力工作的人。任何成果都属于那些付出行动的人，因为唯有行动才使你的所思、所想有了意义，有了实现的可能。离开了行动，再美好的蓝图也只是空中楼阁而已。一个人要想出人头地，除了有自己的目标努力工作之外，没有任何捷径可走，你只有踏踏实实地付出了全力，做你想要做的事情，成功才有可能出现在你面前。

任何成功都是用行动去实现的，不管你的目标有多么的远大，只有投入行动，才能摘到丰硕的果实。人生宏业的实现，首先要确定正确的目标，然后是坚韧不拔地去行动。人生的路无论有多么长，也无论有多么曲折，你必须脚踏实地地朝正确方向往前走才可能获得成功。

故事穿越

凯瑞和弗兰克一同搭船到异国闯天下，他们下了码头后，看着海上的豪华游艇从面前缓缓而过，两人都非常羡慕。凯瑞对弗兰克说：“如果有一天我也能拥有这么一艘船，那该有多好。”弗兰克也点头表示同意。

吃午饭的时间到了，凯瑞和弗兰克都觉得肚子有些饿了，两人四处看了看，发现有一个快餐车旁围了好多人，生意似乎不错。凯瑞就对弗兰克说：“我们不如也来做快餐的生意吧！”弗兰克说：“嗯！这主意似乎是不错。可是你看旁边的咖啡厅生意也很好，不如再看看吧！”两人没有统一意见，于是就此各奔东西了。

握手言别后，凯瑞马上选择一个不错的地点，把所有的钱投资做快餐。他不断努力，经过8年的用心经营，已经拥有了很多家快餐连锁店，积累了一大笔钱财，凯瑞为自己买了一艘游艇，实现了他自己的梦想。

这一天，凯瑞驾着游艇出去游玩，发现了一个衣衫褴褛的男子从远处走了过来，那人就是当年与他一起出来闯天下的弗兰克，凯瑞兴奋地问弗兰克：“这8年你都在做些什么？”弗兰克回答说：“8年间，我每时每刻都在想：我到底该做什么呢！”

故事微语

仅有远大的理想是不行的，还要付诸行动，否则理想就是空想。在理想的实现上，成功者的共性是：一旦锁定目标，就马上行动起来，不断拼搏。

如果你只始于心动，垂涎于目标的成果，不如抓紧时间去行动，你行动得越快，就有可能越早地抢占先机。一些人总向往别人的生活，总羡慕别人所拥有的财富和名望，但是仅仅羡慕并不会让你拥有什么。如果你能够脚踏实地地去做，以客观和实事求是的态度，认真地去执行，坚守自己的目标不动摇，才有可能像自己所羡慕的那些人一样获得成功。一分耕耘，一分收获。只要你去做，生活便不会亏待你。

心灵箴言

行动才能成功，教练改变人生。

——陈安之

一步实际行动比一打纲领更重要。

——[德] 马克思

行动，只有行动，才能决定价值。

——[美] 约翰·菲希特

在生活中，没有任何东西比人的行动更重要、更珍奇了。

——[苏联] 高尔基

幸运降临给那下定决心而行动的人，什么时候开始懒惰，幸运就告别。

——印度谚语

诚实守信，人生需要踏实地活

故事话题

清朝时期，有一个老商人，他走南闯北了大半辈子，终于积攒了一些钱，回到家乡开了一个小饭馆。眼看自己一天一天地变老了，他觉得应该把自己的小饭馆交给儿子们来管理。

老商人的老伴在很久以前就去世了，膝下有三个儿子。大儿子和二儿子机灵，鬼点子比较多；小儿子性情憨厚老实。他想了很久，也不知道该把辛辛苦苦办起来的小饭馆交给谁比较好。

70 岁生日那天，老商人的几个儿子都来给他贺寿。家宴结束后，老商人把儿子们叫到书房里，对他们说："孩子们啊，今天我有一件事情要和你们交代。我现在老了，怕是活不了几年了。我这辈子也没留下什么值钱的东西，就这么一个小饭馆，我想在你们当中选一个合适的人来管理它。我想了好久，想了一个很公平的办法，我现在就宣布这个办法，你们都听好了。"

老商人立即吩咐家里的仆人搬来三个已经装好土的花盆，然后从口袋里掏出三粒种子放在桌子上，严肃地说："这是我精心挑选的花种，你们在这里任选一粒种子种在花盆里，半年以后，拿来给我看，谁养的花最令我满意，我就把这个小饭馆交给谁。但是要记住：只能用我发给你们的种子！"

三个儿子都没有提出任何异议。大儿子和二儿子回到家

里，精心培育了几天，可是发现花盆里的种子并没有发芽，于是就偷偷地去找花匠。他们从花匠那里买了同一品种的种子，然后高高兴兴地把花盆抱回家。没过几天，那种子就发芽了。

憨厚老实的小儿子每天按时给花盆浇水，可就是不见发芽。他一点儿也不着急，仍然按时浇水施肥。

半年很快就过去了，到了老商人验收花的时候了。三个儿子都端着花盆来给老商人看，大儿子和二儿子养的花都枝繁叶茂，还开出了鲜艳的花朵。老商人却没有因此表现出格外的兴奋，反而有了几分忧虑。当他看见小儿子端着没有长出鲜花的花盆时，老商人立即把小饭馆的钥匙和账本交给了小儿子。

大儿子和二儿子很不服气，就生气地问老商人：“父亲大人，三弟的花盆里什么都没有，您怎么就把饭馆交给他了呢？”

老商人说：“做生意最讲究诚信，因此要选一个诚实可靠的人做接班人，看来你们的弟弟是最诚实的。”那两个儿子一起问：“为什么？”老商人回答说：“因为那是三颗炒熟的种子。”

故事解析

老商人之所以选中了小儿子作为饭馆的接班人，是因为小儿子的诚实守信。小儿子用自己的诚信赢得了父亲的信任。诚信是做人的美德，诚信是立足于社会的根基，诚信是做人的根本准则。讲诚信可以赢得别人更多的尊重和信任。

著名教育家陶行知曾说过：“千教万教教人求真，千学万学学做真人。”只有用诚信校正成长的脚步，人生才会更踏实精彩。相反，如果一个人不守信义，也将不会得到别人的尊重和认可。“无诚则有失，无信则招祸。”那些践踏诚信的人也许能得益于一时，但终将作茧自缚，自食其果。

故事穿越

公元前 781 年，周宣王去世，周幽王即位。周幽王昏庸无度，四处寻找美女。大夫赵叔带劝他多理朝政。周幽王恼羞成怒，革去了赵叔带的官职，将他撵了出去。这引起了大臣们的不满。褒响来劝周幽王，但被周幽王一怒之下关进了监狱。褒响在监狱里被关了三年。其子将美女褒姒献给周幽王，周幽王才释放褒响。周幽王一见褒姒，便喜欢得不得了。褒姒却老皱着眉头，连笑都没有笑过一回。周幽王想尽法子引她发笑，她却怎么也笑不出来。

虢石父对周幽王说：“从前为了防备西戎侵犯我们的京城，在翻山一带建造了二十多座烽火台。万一敌人打进来，就一连串地放起烽火来，让邻近的诸侯瞧见，好出兵来救。这时候天下太平，烽火台早没用了。不如把烽火点着，叫诸侯们上个大当。娘娘见了这些兵马一会儿跑过来，一会儿跑过去，就会笑的。您说我这个办法好不好？”

周幽王立即同意了虢石父的想法。烽火点起来后，半夜里满天全是火光。邻近的诸侯看到烽火，赶紧率领兵马跑到京城。听说周幽王在细山，又立即赶到细山。没想到一个敌人也没看见，也不像正在打仗的样子，只听见奏乐和唱歌的声音。大家我看你，你看我，都不知道究竟发生了什么事情。

周幽王于是派人去对他们说："辛苦了，各位，没有敌人，你们回去吧！"诸侯们这才知道上了周幽王的当，十分愤怒，各自带兵回去了。

褒姒瞧见这么多兵马忙来忙去，于是高兴地笑了。周幽王很高兴，重赏了虢石父。没过多久，西戎真的攻打京城了。周幽王赶紧命人把烽火点了起来。这些诸侯因上次上了当，这次又以为是在开玩笑，全都不理会周幽王。烽火点着后，却没有一个救兵来，京城里的兵马本来就不多，只有郑伯友出去抵挡了一阵。可是他的兵马太少，最后被敌人围住，乱箭射死了。之后，周幽王和虢石父都被西戎杀了，而褒姒则被掳走了。

故事微语

让周幽王命丧黄泉的应该是诚信。周幽王为博美人一笑，不惜戏弄诸侯，实际上是在出卖自己诚信的品格。有人曾经说过："诚实是一个人最明智的选择，欺骗也许能够获得暂时的利益，但是丧失的不仅仅是别人的信任，还有自己的信心。"这其中也有一定的道理。所以，对人首先要以诚相待，这样你才能真实地对待自己。

孔子曾说过："人而无信，不知其可也。大车无輗，小车无軏，其何以行之哉?"中华民族自古就推崇诚实守信的道德观，讲究做人要有真情实意，一诺千金。在当代社会，这些传统美德并没有过时，诚实守信仍是人们最基本的道德标准。

心灵箴言

民无信不立。

——孔子

言不信者，行不果。

——墨子

人类最不道德处，是不诚实与怯懦。

——[苏联] 高尔基

生命不可能从谎言中开出灿烂的鲜花。

——[德] 海涅

诚实是力量的一种象征，它显示着一个人的高度自重和内心的安全感与尊严感。

——[美] 艾琳·卡瑟

真实诚恳，敞开心扉给人看

故事话题

有两个朋友在沙漠中旅行，在旅途中的某处他们吵架了，一个还给了另外一个一记耳光，被打的觉得受辱，一言不语，在沙子上写下：“今天我的朋友打了我一巴掌。”

他们继续往前走，直至到了沃野，他们决定停下。被打的那位差点被淹死，幸好被朋友救起来。被救起后，他拿了一把小剑在石头上刻下了：“今天我的好朋友救了我一命。”

一旁好奇的朋友问道：“为什么我打了你以后你要写在沙子上，而现在要刻在石头上呢？”

另一个笑了笑回答说：“当被一个朋友伤害时，要写在易忘的地方，风会负责抹去它；相反的，如果被帮助，我们要把它刻在心里的深处，那里任何风都不会抹去它！”

故事解析

与朋友交往，最重要的是要真诚。朋友间的伤害往往是无心的，帮助却是真心的，忘记那些无心的伤害，铭记那些对你真心的帮助，你会发现在这个世上你拥有很多真心的朋友……

友情可以在人们的心与心之间架起一座桥，通过这座桥，就能通往对方的心灵，进而肩并肩、手携手地走过美丽人生。人生际遇里，会有很多朋友，但找到一个真正的朋友却不是件容易的事情，所以，朋友之间的真诚和诚恳很珍贵。

真诚是春风，可以拂去心灵的微尘；真诚是雨露，可以滋润友谊的果实。真诚带给我们希望和力量……真诚不是智慧，却常常放射出比智慧更诱人的光芒。

故事穿越

汉末，天下大乱，曹操坐据朝廷，孙权拥兵东吴，刘备听徐庶和司马徽说诸葛亮很有学识，又有才能，就与关羽、张飞带着礼物到隆中卧龙岗去请诸葛亮出来帮助自己替国家做事。恰巧诸葛亮这天有事出去了，刘备只得失望地回去了。

不久之后，刘备和关羽、张飞二人再次冒着风雪去请诸葛亮。不料诸葛亮又出外闲游去了。张飞本不愿意再来，见诸葛亮不在家，便催着要回去。刘备只好留下一封信，表达自己对诸葛亮的敬佩和请他出来帮助自己挽救国家危险局面的意思。

过了一些日子，刘备吃了三天素，准备再次去请诸葛亮。关羽认为诸葛亮也许是一个徒有虚名的人，未必有真才实学，不用去了。张飞却主张让他一个人再去叫，如果诸葛亮不来，就用绳子把他捆来。刘备把张飞责备了一顿，又和他俩第三次去请诸葛亮。到诸葛亮住处的时候，他正在睡觉。刘备不敢惊动他，一直站到诸葛亮自己醒过来，才坐下来谈话。

诸葛亮见刘备三人有志替国家做事，而且如此诚恳地请自己帮助，就出来全力帮助刘备建立蜀汉皇朝。

故事微语

曾国藩曾经给“诚”下过定义：一念不生是谓诚，故“诚于中，必能形于外”。真诚表现于外就是真实不虚、率真自然。因此，真诚的心就像阳光般，能温暖人心。

人格魅力的基本点也是真诚。人格魅力来自于完善的人格，而真诚待人、恪守信义则是赢得人心、产生吸引力的必要前提。待人真实一点，诚恳一点，能更多地获得他人的信赖、理解，同时能得到更多的支持、合作，因而才会获得更多的成功机遇。

我国著名的翻译家傅雷先生曾经说过：“一个人只要真诚，总能打动人的，即使人家一时不了解，日后便会了解的。”他还说：“我一生做事，总是第一坦白，第二坦白，第三还是坦白。绕圈子，躲躲闪闪，反易叫人疑心；你耍手段，倒不如光明正大，实话实说，只要态度诚恳、谦卑、恭敬，无论如何人家都不会对你怎么的。”

敞开心扉给人看，对方会感到你的真实诚恳，从而卸除猜疑、戒备心理，把你作为知心朋友。如果你在发展人际关系、与人打交道时，能用真实诚恳取代防备、猜疑，就能获得出乎意料的好结局。

心灵箴言

真诚才是人生最高的美德。

——[英] 乔叟

推心置腹的谈话就是心灵的展示。

——[苏联] 温·卡维林

质朴却比巧妙的言词更能打动我的心。

——[英] 莎士比亚

世间好看事尽有，好听话极多，唯求一真字难得。

——申居郧

有了真诚，才会有虚心，有了虚心，才肯丢开自己去了解别人，也才能放下虚伪的自尊心去了解自己。建筑在了解自己了解别人上面的爱，才不是盲目的爱。

——傅雷

第二篇

出类拔萃：树立自己的权威

一个有抱负、有才能的人要想成就一番大业，需要尽快找到自己施展的人生舞台，人的生命毕竟是有限的。作为一个胸怀大志的人，与其说被动地等着别人来赏识，不如主动地去完善自己，让自己变得出类拔萃，树立自己的权威，尽早使赏识你的伯乐及时发现。

才华横溢，书写不凡人生

故事话题

平民家庭出身的音乐天才贝多芬很早就显露了音乐方面的才能，8 岁就开始了登台演出。他长到 11 岁时，就已经显露了他的超凡实力，被人们誉为莫扎特第二。

1787 年 4 月，贝多芬到了维也纳，拜见当时最著名的音乐家莫扎特。这是他第一次访问维也纳，为他最崇拜的偶像莫扎特演奏。莫扎特见到其貌不扬的贝多芬时，对他评价并不太高，认为贝多芬只是在演奏一首为这种场合练过很久的卖弄技巧的作品，他出于礼貌还是称赞贝多芬，但语气中充满了冷淡。贝多芬听了莫扎特的评语非常生气，当即弹奏了一支幻想曲给莫扎特听，并要求莫扎特给他一个主题，然后他在它上面倾注了很多的感情和天赋加以即兴变奏，终于发挥了他的卓越才能。

这使莫扎特大为震惊，连连点头说："的确名不虚传。"于是他对一些朋友说："注意这位年轻人，有一天全世界都会听到他的曲子的！将来他一定能成为享誉世界的大音乐家。"

不到 10 年，贝多芬用自己的实力充分印证了莫扎特说的这句话。

贝多芬作为伟大的交响曲作家，在音乐表现上，他几乎涉及当时所有的音乐体裁，大大提高了钢琴的表现力，又使交响曲成为直接反映社会变革的重要音乐形式。贝多芬集古典音乐的大成，同时开辟了浪漫时期音乐的道路，对世界音乐的发展有着举足轻重的作用，被尊称为"乐圣"。贝多芬一生坎坷，他的音乐和人格力量在以后的德国、欧洲和全世界仍然占有不朽的崇高地位。

故事解析

这些具有深厚实力的著名人物，他们的才华如同日月，如同闪闪发光的金子，任何世俗的障碍都遮挡不住他们的光芒。他们才华横溢，书写出了自己的不凡人生。才华可以让一个人由内而外散发出一股迷人的芬芳，从而增加自身的影响力。

在几千年的世界历史上，出现过很多才华横溢的人物，他们如光彩夺目的明珠，处处闪耀着光辉，他们的思想、举动和智慧一直被人们所津津乐道，他们是人类的领跑者和开拓者，他们的智慧和先见之明影响了一代又一代的人。

故事穿越

阿尔伯特·爱因斯坦是一位大科学家，他杰出的科学成就使他成为一颗光芒四射、永不熄灭的巨星。由于爱因斯坦巨大的科学贡献，人们对于他总是特别敬重。爱因斯坦的成就不仅丰硕，而且很多都是一些开创性或革命性的理论，甚至是一些里程碑或划时代的理论。

爱因斯坦的理论往往非常高深，大大超越人们的常识，具有一种强烈的心灵震撼力，理论中的那些复杂的细节和推理，是普通人所不能企及的。

另外，爱因斯坦的社会哲学思想也博大精深，他的人道社会主义、自由民主主义和战斗和平主义思想等，非常切合时代发展的脉搏和社会进化的潮流，深得民心。直至今日都有其深远的影响。特别是爱因斯坦的人生哲学更使人们敬佩，他从不把安逸和享受作为生活的目的，他一生过着非常简朴而又快乐的生活。

爱因斯坦有着独立的人格、仁爱的个性和高洁的人品，他是一位负有责任感和科学良知的世界公民。他热爱人类，珍视生命，崇尚理性，为人民主持公道和维护正义。他认为，对社会上的丑恶现象保持沉默就是在谋同犯罪，就是在纵容黑恶势力。

爱因斯坦是一位世界公民，完全撇开了国家、民族、阶级和社会地位等狭隘立场和私人偏见，总是从全世界和全人类的角度和视野思考问题并付诸行动。他的智慧仁慈而又伟大的形象已经融入了全世界人们的心中，成为人们精神上不可缺少的一部分。

故事微语

爱因斯坦作为一个伟大的科学家，才华横溢，取得了很多不俗的成绩，也书写了自己不凡的人生。一个有影响而又杰出的人，实力是他最强有力的根基。古往今来的杰出人物何以名垂青史，源于他们对人类的贡献，和他们所取得的成就。

温室里长不出好的瓜果，只有经历风雨和炙晒的洗礼，才能结出甘甜的瓜果。同样，安逸的生活环境也培育不出优秀的人才。如果你也不甘平凡，那么就行动起来，通过自己的努力来让自己变得才华横溢吧！

心灵箴言

最漂亮的聘礼就是才干。

——[法] 巴尔扎克

文辞犹金石也，志识炉锤也。

——章学诚

每个人都是靠自己的本事而受人尊重的。

——[希腊] 伊索

控制情绪，做自己情感的统治者

故事话题

一个人闯入了惠灵顿公爵的书房，他大声喊道：“我叫亚玻伦，有人派我来刺杀你。”

公爵说道：“刺杀我？真奇怪。”

刺客把话重复了一遍：“我是亚玻伦，我一定要杀了你。”

“一定要在今天吗？”

“他们倒没有告诉我在哪一天或者什么时候，但是我必须完成任务。”

公爵说：“那现在可不方便。我很忙——我有很多信要写。你下次再来吧，我等着你。”说完，便俯首继续写他的信了。

公爵的严厉、从容、大度和镇静使刺客大吃一惊，他走了出去，再也没有回来。

故事解析

不急不躁、不怨天尤人、不轻易发脾气是良好的品质，比焦虑万分的人更容易解决各种问题。一个人如果能够控制自己的情绪，那么他将更容易受到欢迎。沉着冷静、永不气馁是每一个人应培养的品格。

一个人如果控制不了自己的情绪，那就谈不上是自己真正的主人。真正睿智、豁达的人可以控制自己的情绪，使自己不轻易发怒。在遇到困难或危机的时候，做到临危不惧，尽快想出应对方案，进而战胜困难或危机。

故事穿越

在宾夕法尼亚州的西切斯特，有一个以好脾气而出名的店主。

有人想考验一下这个店主的脾气究竟有多好，于是他来到店里，一会儿要这种布料，一会儿要那种布料，挑来拣去，看遍了所有的款式和颜色的布料，最后磨磨蹭蹭地选了一种，要店主裁成一美分大小。店主不动声色地拿来一枚一美分的硬币，照着硬币的样子心平气和地裁了一小块布，用纸包起来递给了他。

这位顾客为此感到大为震撼，接着给了店主一笔很大的业务。

故事微语

亚伯拉罕·林肯曾经对陆军上校福尼说：“我从黑鹰战役开始养成了控制脾气的好习惯，并且一直保持下来，这给了我很大的好处。”克莱登也曾这样评价汉普登：“他是自己情感的至高统治者。由此，他获得了统治他人的伟大力量。”

有时候，控制情绪显得特别重要。在商人中间，控制情绪会获得更多的尊重。银行相信那些能控制情绪的人，也更愿意给他们提供贷款。甚至有些商人们相信，一个无法控制情绪的人既不能管理好自己的事务，也不能管理好别人的事务。我们也要学会控制自己的情绪，做自己情感的统治者。

心灵箴言

怒中之言，必有泄漏。

——冯梦龙

能控制好自己情绪的人，比能拿下一座城池的将军更伟大。

——[法] 拿破仑

一个人如果能够控制自己的激情、欲望和恐惧，那他就胜过国王。

——[英] 约翰·米尔顿

放大优势，善于发扬闪光点

故事话题

奥地利著名音乐家莫扎特在音乐方面有着惊人的天赋，是世界上公认的最伟大的音乐天才。自幼时起，他就对乐曲产生了浓厚的兴趣，一听到音乐就会非常兴奋，常常随着音乐的旋律，有节奏地拍着小手。

每次莫扎特的姐姐玛丽娅在练习钢琴演奏的时候，作为音乐家和宫廷乐师的父亲总是对玛丽娅进行精心指导。每当琴声响起的时候，小莫扎特都会静静地聆听着。

一天，玛丽娅在厨房里帮着母亲洗碗的时候，小莫扎特就悄悄地坐在钢琴上弹起曲子来。正在喝茶的父亲听到琴声后，惊喜地说："玛丽娅弹得妙极了。"还没有说完，只见玛丽娅从厨房里走了出来。父亲感到很惊奇，赶快去弹奏钢琴的房间看个究竟。当父亲轻轻地推开门的时候，只见小莫扎特正专心地弹着曲子呢！从未接受过音乐辅导的莫扎特竟能弹得如此好，父亲开始考虑对他进行音乐教育了。

父亲让莫扎特在 4 岁的时候，就开始弹钢琴和拉小提琴。莫扎特的记忆力非常好，很多曲子只听一遍，他就轻松地记下了。

有一次，父亲不经意地走进莫扎特的房间，看见莫扎特正趴在桌上聚精会神地写着东西。原来儿子正在写钢琴协奏曲，而且写得完全合乎标准，这让父亲非常激动。

1762 年，父亲为了让莫扎特开阔眼界，带他来到奥地利首都维也纳，被皇帝召进宫廷，他干净利索地弹了几首曲子，令在座的贵族们非常惊讶。

从此，莫扎特出名了。之后，父亲带着莫扎特又到德国、法国、英国等国家演出。每到一处，莫扎特弹奏的音乐都能获得人们的好评。后来，他被欧洲人称为"18 世纪的奇迹"，11 岁便能指挥大型歌剧演出。

虽然莫扎特只活了短短的 35 年，但他成果迭出，硕果累累。据说，莫扎特写了 19 部歌剧，47 部交响曲，27 部钢琴协奏曲，5 部小提琴协奏曲，22 部弦乐四重奏，29 部钢琴奏鸣曲，37 部小提琴奏鸣曲，100 多部其他各类乐曲，给人类的音乐艺术宝库留下了珍贵的财富。

故事解析

莫扎特的父亲发现了儿子的闪光点，并因材施教，把它发扬光大，为世界音乐留下了宝贵的精神财富。每个人都有自己的优势，即每个人都有自己独特的闪光点，闪光点如种子，如果对它辛勤耕耘，总有一天会茁壮成长为参天大树。我们每个人都要善于在自己身上找到闪光点，再用放大镜放大一下，让自己看到希望，然后再努力拼搏。

唐代大诗人李白曾经说过：“天生我材必有用。”每个人都有自己的长处，只要我们用心，就一定能找到属于自己的一片天地。一分耕耘，一分收获。只要我们播种了，付出了，就一定会有自己的好收成。我们每个人都应该清楚自己的长处所在，然后根据自身的特点来最大限度地发挥潜能。

故事穿越

一个穷困潦倒的青年流浪到巴黎，他期望父亲的朋友能够帮助自己找到一份谋生的工作。

“你精通数学吗？”父亲的朋友问他。

青年羞涩地摇头。

“历史、地理怎么样？”

青年还是不好意思地摇头。

“那法律呢？”父亲的朋友接连着问，青年都只能摇摇头告诉对方——自己似乎一无所长，连丝毫的优点也找不出来。

“那你先把自己的住址写下来吧，我总得帮你找一份事做。”

青年羞涩地写下了自己的住址，急忙转身要走，却被父亲的朋友一把拉住了：“年轻人，你的名字写得很漂亮，这就是你的优点！你不该只满足于找一份糊口的工作。”

把名字写得好也算是一个优

点？青年在对方眼里看到了肯定的答案。青年人心想：我能把名字写得叫人称赞，那我就能把字写得漂亮；能把字写得漂亮，我就能把文章写好……

受到鼓励的青年，一点点放大自己的优点，前进的脚步越发轻快起来。

数年后，青年果然写出了享誉世界的经典作品。他就是家喻户晓的大仲马。

故事微语

我们要勇于发现自己的优势，客观地审视自己，将注意力集中到自己的优势上，并把它充分地展示出来。做我们最擅长的工作，它一定会带给我们惊喜。因为，我们抓住了自己的优势，充分发挥了自己的才能，使我们更容易迈向成功。

其实，每个平凡的生命里，都蕴涵着一座金矿，只要肯挖掘，就会挖出令自己都惊讶不已的宝藏……我们也要学会善于放大自己的优势，发扬自己的闪光点，让自己变得更加优秀。

心灵箴言

尺有所短，寸有所长。

——谚语

放大优点能增强孩子的自信心。

——佚名

用放大镜看自己的优势，早晚有一天你会获得成功。

——佚名

勇于坚持，黑夜掩盖不了夜明珠的光芒

故事话题

有个年轻人去微软公司应聘，而该公司并没有刊登过任何招聘广告。见总经理疑惑不解，年轻人用不太娴熟的英语解释说自己是恰好路过这里，就贸然进来了。总经理感觉很新鲜，破例让他一试。

面试的结果比较让人失望，年轻人的表现很糟糕。他对总经理解释说事先没有做好准备，总经理以为他不过是找个托词来保留面子，就随口应道："等你准备好了再来试吧"。

一周后，年轻人再次踏入了微软公司的大门，这次他依然没能面试成功。但比起上一次的面试，年轻人的表现要好了很多。而总经理给他的回答仍然同上次一样："等你准备好了再来面试。"就这样，这个年轻人先后5次踏进微软公司的大门进行面试，最终被公司录用，成为公司的重点培养对象。

故事解析

青少年应该明白，生活的道路没有一条是毫无障碍的，沿途总会遇到一些挫折，但出类拔萃的人总能想办法去克服。山即使再高，它也不能遮住太阳的光芒，黑夜即使再黑，它也掩盖不了夜明珠的光芒，相反，只能将它们衬托得更加美丽。卓越的人也是这样，一时的失意和迷茫挡不住他人生的光芒。

作为一颗“夜明珠”，最重要的是要勇于坚持。这有如蝶蛹，化蝶是一个痛苦、煎熬的过程，同时又是一个不断进取的过程。潮有涨有落，偶尔的搁浅算不了什么，只要在忍耐中默默耕耘，光芒总会有被发现的那一天。

故事穿越

有一次上课的时候，苏格拉底布置了一道作业：每天把手甩一百下。一个星期后，苏格拉底问弟子们，有多少人依然在坚持这道作业？结果表明百分之九十的人都坚持做到了。一个月后，他再次问弟子们，结果只有一半的人可以坚持了。一年后，他再次问这个问题，结果只有一个人坚持下来了，那个人就是柏拉图。

关于坚持而取胜的故事还有很多，狄更斯也是一个勇于坚持的人。

狄更斯平时很注意观察和体验生活，无论刮风下雨，他都会坚持到街头去观察，然后记下行人的零言碎语，这让他积累了丰富的生活资料。这样，狄更斯才在《大卫·科波菲尔》中写下精彩的人物对话，在《双城记》中留下逼真的社会背景描写，进而成为英国一代文豪，取得了事业上的巨大成功。

故事微语

人们常说："如果没有失意的人生，就不会有成熟的人生。"这有如金子，它总要发光的，无论它如何被遮掩，一旦显露的时候，它一定会光彩夺目。作为一个人才，接受黑夜的磨砺是一个人成功的基石，也是锻炼自己的好方法。

我们生活在这个竞争激烈的世界，只要我们的内心里藏有一盏明灯，我们总有脱颖而出的时候。坚持吧！坚持自己心中的梦想，坚持应该坚持的习惯，相信总有成功的那一天。

心灵箴言

锲而不舍，金石可镂。

——荀况

耐心是一切聪明才智的基础。

——[希腊] 柏拉图

伟大的作品不是靠力量，而是靠坚持来完成的。

——[英] 约翰逊

不要失去信心，只要坚持不懈，就终会有成果的。

——钱学森

要从容地着手去做一件事，但一旦开始，就要坚持到底。

——[美] 比阿斯

专心专注，打造自己的核心竞争力

故事话题

波兰有个叫玛妮雅的女孩儿，她学习非常用心。不管周围怎么吵闹，都无法分散她的注意力。

一次，玛妮雅正在做功课，她的姐姐和同学在她面前玩闹。玛妮雅就像什么也没有看见一样，仍然在专心地看书。

玛妮雅的姐姐和同学想试探她一下。于是悄悄地在她身后搭起几张凳子，只要玛妮雅稍微动一下，凳子就会立即倒下来。时间一分一秒地过去了，玛妮雅读完了一本书，凳子仍然竖在那儿。

从此姐姐和同学不再逗她了，而且像玛妮雅一样开始专心读书，认真学习。

玛妮雅长大以后，成了一名伟大的科学家。她就是居里夫人。

故事解析

一个人如果想要脱颖而出，就必须具有自己的强项，自己的核心竞争力，而这正需要我们的专心专注，一个人如果对任何事情都无法做到专心专注，那么他获得成功的几率也将会变得小之又小。

如果一个人能把自己的精力集中于一处，然后全力将它做好，总会有取得成绩的那一天。这其中的关键在于，你的专心和专注打造出了具有核心竞争力的力量，从而让自己更加有可能获得成功。

故事穿越

在一个小镇上有一家人。男主人是一名教师，在一所中专教经济学；女主人下岗待业，在街上开了一家纽扣店，女儿在一所普通中学读初三。

男主人在教学之余，除了翻翻经济类的报纸杂志，就是到妻子的小店帮忙卖点货。女主人除了卖纽扣，最多再卖些头饰、胸花之类的小玩意儿。女儿学习也很一般，没拖班级的后腿，也没有得过一次奖。总之，这一家人都是普通人。

一天，男主人告诉女主人，昨天他读了一本杂志，介绍的全是世界上列入五百强的大公司。他发现，他们都是一条路走到黑。女主人问这是什么意思。男主人说："打个比方，你卖纽扣，就只卖纽扣，卖所有品种的纽扣，店再大，都不卖别的。"女主人说："这算什么新发现？不就是开专业店吗？"男主人说："好像是开专业店。"但他搞不清楚的是，为什么成为五百强的都是这些专业店。

男主人从有了这个新发现后，并没有放弃研究。他认真查阅了世界第一强，零售业的老大沃尔玛。他发现它自始至终只做零售，钱再多都不去尝试其他行业。他又查阅了美国通用汽车公司，它是世界第二强，一百多年来，也是只做汽车与配件。他还研究了世界首富比尔·盖茨，他发现此人也是一条路走到底，钱再多，都只做软件。男主人想：是不是心无旁骛地做一件事，更容易成为强者？

有了这一认识之后，男主人有些心动了。一天晚上，他对妻子说："以后再进货，头饰、胸花之类的东西，不要再进了，全进纽扣，有多少品种进多少品种，看看会怎么样。"

自此之后，一家航空母舰式的纽扣店，在这座城市诞生了，很多做纽扣批发和销售的人，纷纷直奔这家纽扣店而来。他也因此成了"纽扣大王"。

故事微语

一个人不可能有太多的精力将所有的事情做到完美，只要能够打造自己的核心竞争力，并保持一定的再学习能力，来确保和强化自己的强项向更高的方向发展，就可能会取得一些成就。

很多人之所以失败，是因为他们没有自己的核心竞争力。在这个人与人竞争激烈的时代，要想胜出他人，取得自己的成功，必定要有自己的核心竞争力，所以，成功的关键因素之一是要经营自己的强项，将自己的强项发挥到极致，这才是通向成功之路的捷径。

心灵箴言

时常移植的树，很少会长得茂盛。

——阿拉伯谚语

锲而舍之，朽木不折；锲而不舍，金石可镂。

——荀况

一只狗同时追赶几只野兔，必然一只也抓不到。

——英国谚语

咬住青山不放松，立根原在破岩中。千磨万击还坚劲，任尔东西南北风。

——郑板桥

一个人做事不专，这样弄一点，那样弄一点，既要翻译，又做小说，还要做批评，并且也要做诗，这怎么弄得好呢？

——鲁迅

第三篇

人情练达：为人处世需谨慎

在日常生活中，我们每天都需要和形形色色的人接触，如何与他们和平相处，保持自己良好的心情状态，成为一个值得探究的话题。那么，我们应该如何与人相处，成为受大家喜爱的人呢？

外圆内方：做智慧与容忍的结合体

故事话题

去过寺庙的人一般都知道，进入寺庙的大门，首先看到的是弥勒佛，微笑着迎接大家的到来。而在他的北面，则是黑口黑脸的韦陀。

相传在很久以前，弥勒佛和韦陀并不在同一个寺庙里，而是分别掌管不同的庙。弥勒佛非常热情，所以来的人非常多，但他总是丢三落四，不能很好地管理财务，所以入不敷出。而韦陀虽然管账是一把好手，但整天阴着脸，太过严肃，所以去他的寺庙的人也变得很少很少，最后香火断绝。

佛祖在视察寺庙的时候发现了这个问题，就将他们俩放在了同一个寺庙里，由弥勒佛负责迎客，于是香火大旺。而韦陀铁面无私，分厘必较，则让他负责财务，严格把关。在两人分工合作以后，庙里又出现了一派欣欣向荣的景象。

故事解析

在韦陀身上，体现的是做人“方”的智慧，而弥勒佛则是“圆”的代表。很显然，仅仅是方或者圆，都没有外圆内方来得好。

卡耐基曾经说过：“一个人的成功只有15%是依靠专业技术，而85%却要依靠人际关系、有效说话等软科学本领。”中国人传统的处世之道，就凝聚在一枚小小的铜钱中——外圈圆的，中间却是棱角分明的方孔。其寓示着“外圆内方”的做人道理：外圆可减少阻力，便于流通提携；内方可一线贯通，秩序井然。

“方”，方方正正，指一个人做事有自己的主张和原则，不被外界所轻易左右；“圆”，圆滑世故，指一个人做人做事讲究技巧，能够认清时务，使自己进退自如、游刃有余。

一个人如果过分方方正正，必将碰得头破血流；但是一个人如果圆滑透顶，又难免惹人生厌。因此，做人必须外圆内方。“方”是做人之本，是堂堂正正做人的脊梁。而一个人如果足够“圆”，无论是在商界、仕途都更容易获得成功，所以掌握“方圆”的技巧，才能无往而不胜。

故事穿越

大学者纪晓岚身处清朝由盛而衰的过渡时期，以外圆内方的处世哲学，在复杂多变的官场中，随机应变，上得天道，下抚黎民。他传奇般的成功就在于他巧妙地将方和圆有机地结合起来。纪晓岚认为，一个人与最要好的朋友之间，也有对立面；与最痛恨的敌人之间，也有依赖面。处理好人际关系，主要就是巧妙地把握方与圆的转化。

俗话说："伴君如伴虎。"纪晓岚在处理自己与皇帝的关系时，也充分地运用了方圆之道。一天，纪晓岚陪同乾隆皇帝游大佛寺。君臣二人来到天王殿，但见殿内正中一尊大肚弥勒佛，袒胸露腹，正在看着他俩憨笑。乾隆问纪晓岚："此佛为何见朕笑？"纪晓岚从容答道："此乃佛见佛笑。"乾隆问："此话怎讲？"纪晓岚回答说："圣上乃文殊菩萨转世，当今之活佛，今朝又来佛殿礼佛，所以说是佛见佛笑。"乾隆暗暗赞许，欲转身走的时候，忽然看见弥勒佛正对着纪晓岚笑，回身又问纪晓岚："那佛也看卿笑，又是为何？"纪晓岚回答说："圣上，佛看臣笑，是笑臣不能成佛。"

故事微语

黄炎培在给儿子写的座右铭中曾写道："和若春风，肃若秋霜，取象于钱，外圆内方。"在他看来，"圆"就是要"和若春风"，对待他人要和气共事；"方"就是要"肃若秋霜"，做事坚持原则。"取象于钱"则是以铜钱为形象比喻，启发人们要做到外方内圆。真可谓言简意赅，引人深思。

动为方，静为圆；刚为方，柔为圆。以不变应万变是方，以万变应不变是圆。凡事都在圆中预、方中立，这是古人谋事的原则，也是亘古不变的真理。世间事物都在这方圆之中，而方圆也是历史和哲学的辩证。

真正的"方圆"之人是大智慧与大容忍的结合体，他们有让的胸怀，有貌似糊涂的智慧。总之，外圆内方可谓人生的最高境界。

心灵箴言

忍耐是一帖利于所有痛苦的膏药。

——[西班牙] 塞万提斯

忍耐之草是苦的，但最终会结出甘甜而柔软的果实。

——[德] 辛姆洛克

坚忍是成功的一大因素。只要在门上敲得够久，够大声，终必会把人唤醒的。

——[美] 朗费罗

看准时机，识时务者为俊杰

故事话题

张良年少的时候因为谋刺秦始皇未遂，被迫流落到下邳。

一天，张良到沂水桥上散步，遇到一个身穿短袍的老人，老人故意把鞋掉到桥下，然后傲慢地差使张良说："小子，下去给我捡鞋！"张良十分愕然，不禁想要揍他。但碍于长者之故，没有下得了手，只好违心地下去取鞋。老人又命张良给自己穿鞋。心怀大志的张良，对此居然强忍不满，膝跪于前，小心翼翼地为老人穿好了鞋。

老人非但没有感谢张良，反而仰面长笑而去。张良呆视良久，老人却折返了回来，赞叹道："孺子可教也！"遂约张良在五天后的凌晨在此再次相会。张良虽然大惑不解，但反应仍然相当迅捷，跪地应诺了老人。

五天后，公鸡刚刚打鸣，张良便急匆匆赶到桥上。不料老人比张良到得还早，于是斥责于他："为什么迟到？再过五天早点来！"

这一次，张良半夜就到桥上去等候。他的真诚和隐忍得到了老人的赞赏，于是送给他一本书，说："读此书则可为王者师，十年后天下大乱，你用此书兴邦立国；十三年后再来见我。我是济北榖城山下的黄石公。"说罢扬长而去。

张良非常高兴，这本书就是《太公兵法》。从此，张良日夜诵读，刻苦钻研兵法，俯仰天下大事，终于成为一个足智多谋的"智囊"。

故事解析

无疑，张良是识时务的。正是他的隐忍不发，甘居人下，才得到了黄石公的好感，进而得到了《太公兵法》，取得了后来的成就。

现实生活中，几乎所有的人都会碰到不尽如人意的事情。这时候，你必须面对现实，要知道，“识时务者为俊杰”，学会依据当时的实际情况做出正确的判断和选择，或许会让你在无意之中收获更多。

故事穿越

魏徵少年孤贫，胸怀大志。隋末动乱，魏徵从元宝藏起兵响应李密，被李密看中。然而，在李密那里，魏徵并不得志，“进十策以干密，虽奇之而不能用”。后来，魏徵追随李密归顺了唐朝。在担任山东安辑大使期间，窦建德率兵攻陷了黎阳，魏徵成为大夏国的一名起居舍人。后来，窦建德失败，魏徵再次回到唐朝。

在唐朝，魏徵先是在太子李建成府中担任洗马。李世民登基后，被拜为谏议大夫等职。

可以说，在魏徵几十年的政治生涯中，数易其主。然而，历史并没有因此而对其有所贬损，相反他在历史上颇有地位。

魏徵是个有胆有识的俊杰。想当年，他追随李密，为的是将失去民心的隋王朝推翻，这是他识时务的表现——识国家之时务，识腐朽王朝即将崩溃之时务。为达到这一目的，他多次给李密上书，劝他“有功不赏，战士心堕”。

后来，李世民即位，魏徵被视为亲信，此时对他来说，最大的时务是保证社稷的长治久安，尽量让皇帝和朝廷少犯错误。

魏徵识时务还体现在生活中。有一次，客人送给李世民一只鹞鹰。李

世民见了喜欢得不得了，就架在胳膊上玩儿。忽然，他看见魏徵走了过来，于是将那只鹞鹰藏在了怀里。可是，魏徵却佯装不知，来到李世民面前，给他讲述历朝历代统治者玩物丧志的故事。魏徵唠叨了很久，等到魏徵走后，李世民敞开衣襟一看，那鹞鹰早给捂死了。

故事微语

能够准确地识别时机的转换，是英雄创业的基本前提。在生活中，识时务、审时度势是智慧的处世良方。正所谓识时务者为俊杰，能认清时代潮流的，才是聪明能干的人。能认清当前局势，才能成为出色的人物。

俊杰并非专指那些冲锋陷阵无坚不摧的英雄，还包括那些看准时局、能屈能伸的处世者。所有的俊杰，必须能够正确看待现实，不浮躁，不虚妄，敢于直面人生。

心灵箴言

善于捕捉机会者为俊杰。

——[德] 歌德

弱者坐失良机，强者制造时机，没有时机，这是弱者最好的供词。

——佚名

机会对于不能利用它的人又有什么用呢？正如风只对于能利用它的人才是动力。

——[美] 西蒙

毛遂自荐，勇于挺身而出

故事话题

在战国时期，秦国大将白起在长平大胜赵国的军队，秦军乘胜追击，一直追到赵国的都城邯郸城下，大军把都城团团围住，赵国处于危急之中。这时，赵王命令春秋四君之一的平原君去楚国请求出兵解围。

平原君把门客一一找来，打算挑选二十个文武全才的门客一起去楚国。经过他的再三挑拣，最后还缺一人，这时，有个叫毛遂的门客自我推荐，说："把我也算进去吧。"

平原君经不住毛遂的再三请求，最后才勉强允许了。

到了楚国后，楚王只会见平原君一个人，他们两个坐在大殿上从早上一直谈到中午，迟迟没有结果。

毛遂终于按捺不住了，于是大步跃上大殿，在远处对着楚王大叫起来："出动军队的大事，如果没有利，就会有害。如果有利，就会无害。这是简单而明白的道理，为什么迟迟下不了决心呢？"

楚王听了，非常生气，问平原君："此人是谁？"

平原君说："他叫毛遂，是我的一个门客。"

楚王大声呵斥："难道你没有看见我和你的主人在商量吗？还不赶快退下。"

毛遂见楚王如此，不仅不退，反而再跨上大殿几个台阶，手紧握宝剑，说："在这十步之内，大王的性命在我的手里了。"

楚王顿时吓出了一身冷汗，不敢再呵斥毛遂，毛遂趁机把出兵援助赵国有利可图于楚国的道理，做了精彩的分析。就这样，毛遂的一番话说得楚王心服口服。

几天后，楚、魏等国联合出兵抗秦援赵，秦军被迫撤退了。后来，毛遂被平原君奉为上宾。

故事解析

毛遂自荐的故事之所以会流传到今天，原因就是它具备存在的价值。如果你想要脱颖而出，除了具备应有的素质和能力之外，还需要有一定的胆量。在当今这个竞争激烈的时代，如果你是一个有真本事的人，又想获得一些成就，那么最有效的方法应该就是毛遂自荐了。

毛遂自荐的精神确实值得称道，但自荐人的前提是要有真正的本领，在能够确保自己对事情十拿九稳的情况下才能勇于挺身而出。否则，不仅不会解决问题，反而还有可能会弄巧成拙。

故事穿越

汉武帝刘彻即位以后，大展作为，他贴出榜文：让那些具有贤能的人自荐做官。

不久，就有上千人上书自荐。这些自荐者都以一种简单的上书方式，但大都没有吸引住汉武帝的眼球。

当东方朔的上书呈现在武帝眼前时，汉武帝的眼睛睁得老大，顿时有了一种别样的神采。

《汉书》中记载了上书的一段：

“朔少失父母，为兄嫂所养。十三而学文史之用；十五学剑；十九读孙武兵法……所读共二十二万言；臣勇若孟愤，捷似庆忌，廉如鲍叔，信如尾生，如是，则足以为天子之臣矣！”

汉武帝看完以后，情不自禁地说了一句：“真是有趣得很哪！”当即把东方朔召进皇宫，东方朔的上书成功了。

故事微语

东方朔的上书既自信又大胆，敢与前贤相比。如果你确信自己有了一定的能力，而又不甘心居人之下，那你就要善于创造机遇。俗话说：“千里马常有，而伯乐不常有。”我们在必要的时候，也要学会毛遂自荐，或许你会因此而得到大显身手的机会。

当然也不是所有的毛遂自荐都能成功，最起码的是你要有足够的能力去担当这件事情。另外，一个敢于毛遂自荐的人也要掌握一些沟通技巧，学会在合适的时间，说合适的话来推荐自己。

心灵箴言

天生我材必有用。

——李白

一个人几乎可在任何他怀有无限热忱的事情上成功。

——[美] 查尔斯·史考伯

一个人除非自己有信心，否则不能带给别人信心；已经信服的人，方能使人信服。

——[英] 麦修·阿诺德

心怀感恩，发现美好的事物

故事话题

一天，在乡间的一条小路上，一位乡下汉子过桥时不慎连人带车一头栽进一丈多深的河水中。谁知，一眨眼工夫，这位汉子像游泳时扎了一个猛子般从水里冒了出来，围观的人赶紧将他拉了上来。上岸后那汉子竟没有半丝悲哀，却哈哈大笑起来。

人们都很惊奇，以为他被吓疯了。于是有人好奇地问他：“何故发笑？”汉子停住反问：“我还活着，而且连皮毛都没伤着，这难道不值得发笑吗？”

拥有这种感恩心态的人还有很多，美国前总统罗斯福就是其中的一个。

有一次，罗斯福家被盗，丢失了很多东西，一位朋友闻讯后，连忙写了一封信安慰他，劝他不必太在意。

罗斯福给朋友写了封回信：“亲爱的朋友，谢谢你来信安慰我，我现在很平安。感谢上帝，因为第一，贼偷去的是我的东西，而没有伤害我的生命；第二，贼只偷去我部分东西，而不是全部；第三，最值得庆幸的是，做贼的是他而不是我。”

故事解析

栽进河里的汉子感恩地欢笑是值得我们借鉴和学习的，因为假如生命没有了，一切的追求都不复存在，一切的希望也无从谈起。同样的，对任何一个人来说，被盗绝对是一件不幸的事，晦气又恼火，而罗斯福却找出了感恩的理由。

人生的道路是一条美丽而曲折的幽径，需要我们用心感受和发现它，用心珍惜生活的乐趣，享受前人带给我们的高度文明。感恩是爱和快乐的源泉，如果我们能够做到对生命中的一切都心存感恩的话，便一定能体会生活的幸福和美好，能使人世间变得更加温暖。

康德说：“即使仰望夜色也会有一种感动。”这是怎样的一种胸怀，人活在世上再没有比活着更值得庆幸的。明白了这个道理，人生才会充满感恩，才会充满欢乐。

感恩会给我们带来很多生活的快乐，为生活中的一切而感恩，为生活中的一切而快乐，让我们充满幸福、满怀信心地生活着。不懂得感恩，生活便会黯然失色，而拥有感恩之心的人，他会拥有一个健全、快乐的人生。

感恩是一种积极心态，是生活中的一种积极态度，同时也是一种宽容和豁达，世上存在的一切都有值得我们感恩的地方。心怀感恩的人，他们总能看到事物好的一面，总能发现美好的东西，他们的人生往往因此而变得美好而快乐。

故事穿越

1952 年，南开大学的老校长张伯苓因患疾病逝世，周恩来参加了治丧委员会并送了花圈，挽联上写着：“张伯苓老师千古，学生周恩来敬挽。”张伯苓病故后，周总理一直惦记着张家的生活，自然灾害时期，周恩来把自己的购物证给张夫人，还派人给张夫人送去 500 元钱，并叮嘱交际处对张夫人及其子女的生活要倍加关照。

对老师心怀感恩的人还有很多，毛泽东就是其中的一个代表。

1959 年，毛泽东来到了阔别 32 年的故乡，他特意邀请自己在私塾读书时的教师毛禹珠一起用饭，席间热情地为老师敬酒。毛禹珠不禁感慨地说：“主席敬酒，岂敢岂敢！”毛主席却笑盈盈地回答：“敬老尊贤，应该应该！”

故事微语

老师给我们传播知识，奉献自己，本就是值得我们感恩的人。有位哲学家说过：“世界上最大的悲剧或不幸，就是一个人大言不惭地说，没有人给我任何东西。”

常怀感激的人，他们感谢父母给了自己生命，感谢他们把自己抚养成人；他们感谢亲人，是亲人给了自己爱的理解；他们感谢师长朋友，为自己的成长倾注了心血；他们感谢自己，是自己的艰苦努力，换来了生活的依靠；他们感激自然界的日月星辰，是它们使自己的人生变得五彩斑斓；他们感谢上苍，感谢生活中的一切，因为，活着本身就应该感恩。

英国作家萨克雷说：“生活就是一面镜子，你笑，它也笑；你哭，它也哭。”其实生活的环境中无处不隐藏着美妙的事物。感恩的心给人带来满足和快乐，使人生活在幸福之中。

感恩是一种健康的心态，是一种良知，也是一种动力。人有了感恩之情，生命才会得到滋润。只有常怀一颗感恩的心，你才能越过冷漠与麻木，才会更加知足和惜福，才会发现这个世界的美好。只要我们常怀一颗感恩的心，坦然接受命运的挑战，豁达处理，就会让你在“山重水复疑无路”时，体会到“柳暗花明又一村”的惊喜。

心灵箴言

感恩是美德中最微小的，忘恩负义是品行中最不好的。

——英国谚语

做人就像蜡烛一样，有一分热，发一分光，给人以光明，给人以温暖。

——肖楚女

蜜蜂从花中啜蜜，离开时嘤嘤地道谢。浮夸的蝴蝶却相信花是应该向他道谢的。

——[印度] 泰戈尔

以心换心，学会换位思考

故事话题

在足球王国巴西，富人的孩子都会有自己的足球场地，穷人的孩子也有自己的踢球方式。球王贝利出生在一个贫穷的家庭里，他的父亲是一个因伤退役、穷困潦倒的足球队员。

贝利从小就展现了自己非凡的足球天赋，他常常踢着父亲为他特制的“足球”——用一个袜子塞满破布和旧报纸，然后尽量捏成球形，外面再用绳子捆紧。贝利经常光着黑瘦的脊梁，在家门前那条坑坑洼洼的小街上赤脚练球。尽管他经常因此而摔倒，但他仍然不停地向着想象中的球门冲刺。

渐渐地，贝利有了一些名气，许多人都会跟他打招呼，还给他敬烟。像所有未成年人一样，贝利喜欢上了吸烟时的那种“长大了”的感觉。

终于有一天，贝利吸烟的事情被父亲知道了。父亲的脸色很难看，贝利低着头，不敢看父亲的眼睛。因为，他仿佛看到了父亲眼睛里的忧伤、绝望，和一种恨铁不成钢的怒火。

父亲说：“我看见你抽烟了。”

贝利不敢回答父亲，一言不发。

父亲又说：“是我看错了吗？”

贝利盯着父亲的脚尖，小声说：“不，你没有。”

父亲问：“你抽烟多久了？”

贝利小声地为自己辩解：“我只吸过几次，几天前才……”

父亲打断了贝利的话，说：“告诉我，味道好吗？我没抽过烟，不知道到底是什么味道。”

贝利说：“我也不知道，其实并不太好。”贝利说话的时候，突然绷紧了全身的肌肉，手也不由自主地往脸上捂去，因为，他看到站在他面前的父亲猛地抬起了手。但是，那并不是贝利预料中的耳光，而是父亲将他搂在了怀中。

父亲说：“你踢球有点天分，也

许会成为一名高手，但如果你抽烟、喝酒，那就到此为止了。因为，你将不能在 90 分钟内一直保持一个较高的水准，这事由你自己决定吧。”

父亲说着，打开他的钱包，里面只有几张皱巴巴的钱币。父亲说：“你如果真想抽烟，还是自己买比较好，总跟人家要，太丢人了，你买烟要多少钱？”

贝利感到十分羞愧，眼睛里涩涩的，当他抬起头的时候，看到父亲的脸上已是泪水纵横……从此，贝利再也没有抽过烟。他凭着自己的勤学苦练，终于成了一代球王。

多年以后，贝利仍然忘不了当年父亲那温暖的怀抱，他回忆说：“父亲那温暖的拥抱，比给我多少个耳光都更有力量。”

故事解析

贝利能够成功戒烟就是父亲能够和自己将心比心的结果，以心换心可以轻松化解矛盾。人与人之间要互相理解，并且要学会换位思考，这是人与人相互交往的基础——互相宽容、理解，多站在别人的角度上思考问题。

生活需要换位思考。它就存在于我们的生活中。换位思考需要从自我做起。学会了换位思考，我们或许就会发现：生活原本如此多彩。

换位思考是一种人对人之间的心理体验过程，将心比心在客观上要求我们将自己的内心世界与对方联系起来，站在对方的立场上体验和思考问题，从而为增进彼此的理解奠定基础。它不仅是一种理解，也是一种关爱。

故事穿越

有一次，鲁迅在家里宴请几位朋友。席间，鲁迅的独子将一颗丸子咬了一口，又吐了出来，说是变了味，但是客人们当时都没有觉得丸子变了味。鲁迅的夫人便责怪儿子调皮，客人们也都在想：这孩子是不是被惯坏了？鲁迅却不以为然，他夹起儿子丢掉的丸子尝了一下，果然是变了味的，他感慨地说："小孩总有小孩的道理……"

鲁迅不仅是一位大文豪，同时他也是个优秀的父亲。"小孩总有小孩的道理"，一句话可以看出，鲁迅在对待孩子的问题上，是站在对方的立场思考。而这是很多人都难以做到的。

在民间也流传着一个关于换位思考的故事。

一头猪、一只绵羊和一头奶牛，被主人关在同一个畜栏里。有一天，主人将猪从畜栏里捉了出去，只听猪大声地哀嚎着，进行着强烈的反抗。绵羊和奶牛十分讨厌它的哀嚎声，于是抱怨道："我们也经常被主人捉去，都没像你这样大呼小叫的。"猪听后回答道："捉你们和捉我完全是两回事，他捉你们，只是要你们的毛和乳汁，但是捉我，却是为了要我的命啊！"

故事微语

立场不同，所处环境不同的人，要想了解对方的感受就需要学会换位思考。换位思考的实质，就是设身处地为他人着想，即想人所想，理解至上。人与人之间少不了谅解，谅解也是一种宽容。如果我们能深入体察对方的内心世界，或许能达成谅解

在与人交往的过程中，每个人都会遇到各种问题，碰到各种烦心事。如果我们能够站到对方的立场上想一想，或许许多原本想不通的、觉得不尽如人意的事情，便会豁然开朗。所以与人交往贵在以心换心，学会换位思考。

心灵箴言

不会宽容人的人，是不配受到别人的宽容的。

——[德] 贝尔奈

当我们爱别人的时候，我们也希望别人爱我们。

——[法] 卢梭

我们每个人都是平等的，你只有用爱来交换爱，用信任来交换信任。

——[德] 马克思

第四篇

个人形象：影响力的暗码

个人形象并不是一个简单的穿衣、发型等组合的概念，而是一个外表与内在结合的印象。形象的内容比较宽广，它包括你的穿着、言行、举止、修养、生活方式、知识层次等。它们在无声而准确地在描述着你是什么样子的人。所以，我们要做自己的设计师，塑造出完美的自我形象。

衣着打扮，人靠衣裳马靠鞍

故事话题

美国纽约州希腊求斯大学管理学系对《财富》前1000个首席执行官进行了一项调查，结果显示96%的人认为形象在公司雇人方面是尤为重要的，尤其是对那些要求可信度高的工作和与人打交道的工作，如市场、销售、金融、律师、会计等。中国某投资银行的总裁在谈及服装的重要性时讲道：“当我要裁人时，我就先从穿着最差的人开始。”

俗话说：“人靠衣裳马靠鞍。”有一家服装公司的总监，就是这样一个很会打扮的人。

这个总裁的同事和朋友全都对她的打扮赞不绝口。可是她并不是一个追赶潮流的人，她会选择适合自身特点的衣服来装饰自己。她的衣服总是给人一种耳目一新的感觉。她也十分重视不同衣服间的搭配。她无论走在哪里，都是一道美丽的风景。

故事解析

一个注意形象的人，总能在逆境中得到帮助，在人生的旅途中不断找到发挥才干的机会，他们可以用自己的风采和魅力影响别人，活出精彩的人生。

在现代社会频繁的人际交往中，人们首先会通过外在形象对对方做一个基本评价，这不仅仅是通过一件服饰或化妆来判断，更是通过它们搭配后形成的整体形象来断定。因此，一个人外在的着装打扮十分重要。有时甚至会影响到社交的成与败。

在社交中，一个人的风度和气质，往往是靠衣着来烘托。所以，要树立一个良好的外在形象，就要学会适当地包装自己，使众人对你刮目相看，在无形之中增添你的人际吸引力。

故事穿越

英国人保罗·爱尔顿是英格丽的朋友。保罗曾是花旗银行的一名交易员，在年轻时依靠杰出的股市交易才华挣到了万贯家产。从此，保罗就过上了悠然自得的职业旅游家的生活。他曾对衣着打扮可以影响人的事业和人际关系的观念嗤之以鼻，他曾亲口对英格丽说：“你这一套形象设计的理念在鼓励人们的虚荣心，满足那些缺乏自信心的人的需要。我有足够的自信，我穿着什么样的服装都不会影响我的心态。”

自信的保罗终于在2002年6月改变了他的观念，他要求英格丽为自己做出新的形象设计。原来，保罗厌倦了职业旅游家的生活，他打算凭借自己的经验建立一个以日本股市为重点的对冲基金。但是在与美林、高胜、花旗银行的几次会晤后，项目都没有取得丝毫的进展。每次会晤，他都有种被看低的感觉，以至于他也开始怀疑起自己的能力。至此，保罗终于承认：“他们的眼神让我感到了他们对我的不信任，好像在说：‘我们怎么能把上千万的英镑交给这个穿着过时西装和戴电子表的小子呢？’”

保罗因为对形象理念的重新认识而成为了英格丽的客户。在进行了很长时间的服装咨询后，英格丽将保罗的80%的衣服都扔进了垃圾堆，她仍然认为自己已经非常“心慈手软，手下留情”了，一切以“精而少”为原则，保罗穿着新购置的服装，又找到了久违的自信，他十分得意地说：“现在我看到，我已经成为一个真正的基金经理了！”

在改变了形象之后，保罗陪同父亲乘游轮度假。让保罗高兴的是，游轮上的陌生人称赞了他新购置的西装：“很棒的西装！”保罗感慨道：“服装确实可以改变一个人，它们真的非常有区别！”

故事微语

西方有句俗语："你就是你所穿的！"在远古时代，服装最基本的功能是御寒，但是在现代社会，它的主要功能已经变成了自我展示和表现成就的工具。服装在无声地帮助你交流、沟通，传递你的信息。

好形象是提升影响力的潜在资本。哲人穆格法说过："良好的形象是美丽的代言人，是我们走向更高阶梯的扶手，是进入爱的神圣殿堂的敲门砖。"在这个讲求品质、注重包装的时代，如果能让外观为你的内涵轻松加分，那么何乐而不为呢！

虽然形象不能决定一切，但是美好的形象绝对是通向成功的开山之石。因此，形象是所有人应该密切关注的问题。

心灵箴言

人的外表的优美和纯洁，应是他内心的优美和纯洁的表现。

——[俄] 别林斯基

把美的形象与美的德行结合起来吧，只有这样，美才会放射出真正的光辉。

——[英] 培根

美的形象是丰富多彩的，而美也是到处出现的……人类本性中就有普遍的爱美的要求……

——[德] 黑格尔

保持微笑，展示自己的魅力

故事话题

一天，劳莱斯去拜访一位客户，但是没有达成协议。劳莱斯很苦恼，回来后把事情的经过告诉了上司。

上司耐心地听完了劳莱斯的讲述，沉默了一会儿说："你不妨再去一次，但要调整好自己的心态，并要用你的微笑打动对方，这样他就能看出你的诚意。"

劳莱斯试着去做了，他把自己表现得很快乐、很真诚，微笑一直洋溢在他的脸上。结果对方也被劳莱斯感染了，他们愉快地签订了协议。

劳莱斯结婚已经 18 年了，每天早上起来都要去上班。忙碌的生活让他顾不上自己心爱的太太珍妮，他也很少对珍妮微笑。

劳莱斯决定也试一试，看看微笑会不会同样给他们的婚姻带来些不同。第二天早上，劳莱斯梳头照镜子时，就对着镜子微笑起来。当他坐下来开始吃早餐的时候，他微笑着跟珍妮打招呼。珍妮惊愕不已，非常兴奋。在这两周的时间里，劳莱斯感受到的幸福比过去两年还要多。

现在，劳莱斯上班时，就对大楼门口的保安微笑；站在交易所时，他对工作人员微笑。劳莱斯很快就发现别人同时也对他微笑。一段时间之后，他发现微笑带给他更多的收入。微笑真的改变了劳莱斯的生活，他收获了更多的快乐和友谊。

合同

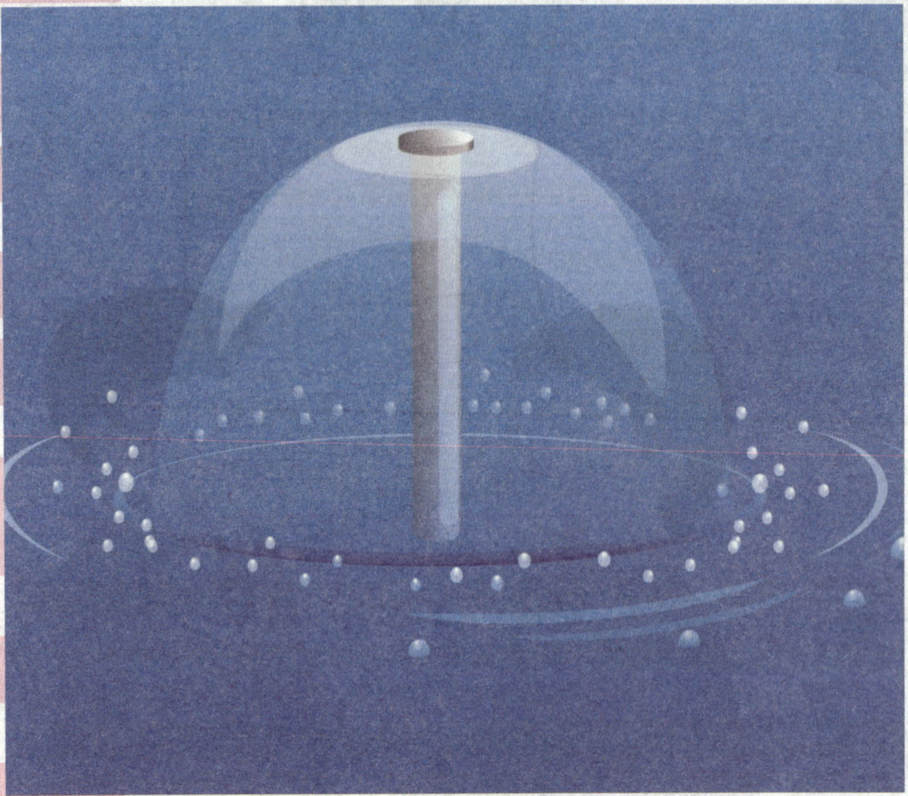

故事解析

世界上有一种很美丽的语言，它能传递世间最珍贵的感情，那就是微笑。微笑是一种宽容、一种接纳，它缩短了彼此的距离，使人与人之间心心相通，是沟通彼此心灵的桥梁，使人产生一种安全感、亲切感、愉快感。

卡耐基说："微笑，它不花费什么，却创造了许多的成果。它丰富了那些接受的人，而又不使给予的人变得贫瘠。它产生在一刹那间，却给人留下永久的记忆。"微笑跟贫富没有必然的联系。如果微笑着去生活，就会增加亲和力。

微笑的人更富有魅力。英国诗人雪莱说："微笑，实在是仁爱的象征，快乐的源泉，亲近别人的媒介。有了笑，人类的感情就沟通了。"当你向别人微笑时，实际上就是以含蓄的方式告诉他：你喜欢他。这样，你也就容易博得别人的喜爱。生活中多一些微笑，就会多一些和谐与快乐。

故事穿越

飞机起飞前，一位乘客请求空姐给自己倒一杯水吃药。空姐很有礼貌地对他说：“先生，为了您的安全，请稍等片刻，等飞机进入平稳飞行后，我会立即把水给您送过来，可以吗？”

15分钟后，飞机早已进入了平稳的飞行状态。突然，乘客服务铃急促地响了起来，这位空姐突然意识到：糟了，由于刚才太忙，她忘记给那位乘客倒水了！当空姐来到客舱，看见按响服务铃的果然是那位乘客。

空姐小心翼翼地将水送到那位乘客跟前，微笑着说：“先生，实在对不起，由于我的疏忽，延误了您的吃药时间，非常抱歉。”这位乘客指着手表说：“现在是什么时间了？有你这样服务的吗？”空姐手里端着水，感到十分委屈，但是，无论她做怎样的解释，这位乘客都不肯原谅她的疏忽。

接下来的飞行途中，每次去客舱给乘客服务的时候，空姐都会特意走到那位乘客面前，面带微笑地询问他是否需要水，或者别的什么帮助。然而，那位乘客并不理会空姐。

临到目的地的时候，那位乘客要求空姐将留言本给他送过去，很显然，他要投诉这名空姐，此时空姐心里虽然很委屈，但是仍然面带微笑地说道：“先生，请允许我再次向您表示真诚的歉意，无论您提出什么意见，我都会欣然接受。”

那位乘客似乎想说些什么，可是却没有开口，他接过留言本，开始在本子上写了起来。等到飞机降落后，等空姐打开留言本，却惊奇地发现，那位乘客在本子上写下的并不是投诉信，却是一封热情洋溢的表扬信。

在信中，空姐读到这样一句话：“在整个过程中，您表现出的真诚的歉意，特别是您的十二次微笑，深深打动了我，使我最终决定将投诉信写成表扬信！你们的服务质量很高，下次如果有机会，我还将乘坐你们的这趟航班！”

故事微语

微笑发自内心，不卑不亢，既不是对弱者的愚弄，也不是对强者的奉承。保持微笑的心态，人生会更加美好。微笑的实质便是爱，懂得爱的人，一定不会是平庸的人。生活中总有鲜花和荆棘相伴，生活中的不如意让我们以微笑待之。

学会微笑，带着微笑享受生活，用微笑去诠释幸福的真谛，用微笑去保存每个值得记忆的瞬间，慷慨地把我们的微笑送给所有的人。顺境中，微笑是对成功的肯定和嘉奖；逆境中，微笑是治疗创伤的妙药。微笑的力量，饱含着对生命的热爱和事业的追求。它似一股甘泉滋润着我们干涸的心田，赐予我们希望。

微笑是一个友情互动的表情，微笑是一种传导的力量，微笑是一个深深的祝福。从今天开始，就请保持你的微笑吧，并让它成为你永久的招牌。

心灵箴言

笑是人类的特权。

——[美] 卡耐基

笑是两个人之间最短的距离。

——[加拿大] 维克托·伯盖

不管怎样的事情，都请安静地愉快吧！这是人生。我们要依样地接受人生，勇敢地、大胆地，而且永远地微笑着。

——佚名

有一种东西，比我们的面貌更像我们，那便是我们的表情；还有另外一种东西，比表情更像我们，那便是我们的微笑。

——[法] 雨果

风趣幽默，增加自己的吸引力

故事话题

著名作家梁实秋擅长演讲，他的演讲风格独具匠心，给人们留下了非常深刻的印象。他在师大任教期间，当时的校长刘真，经常邀请著名人士到校演讲。

有一次，刘真邀请的嘉宾因故迟到，在座的师生都等得十分不耐烦。于是，刘真便请在座的梁实秋上台给同学们讲几句话。梁实秋原本不情愿充当这类角色，但碍于校长的情面，只好以一副无奈的表情，慢吞吞地说："过去演京戏，往往在正戏上演之前，找一个二三流的角色，上台来跳加官，以便让后台的主角有充分的时间准备。我现在就是奉命出来跳加官的。"话刚出口，便引起全场哄堂大笑，驱散了师生们的不快。

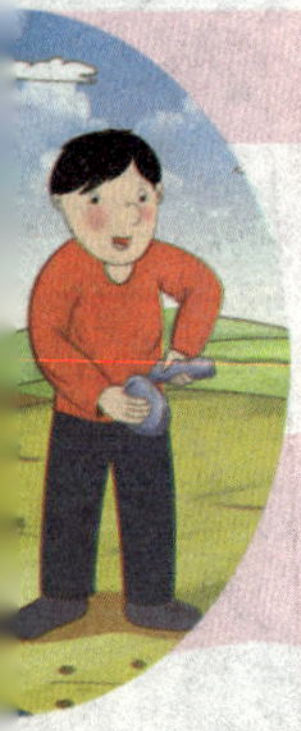

故事解析

在日常生活中，我们会经常碰到许多意想不到的尴尬局面，只要注意多一些幽默，尴尬反而会变成意想不到的收获，因为幽默具有极大的诱惑力和亲和力。它不仅可以使人轻松摆脱尴尬，更可以树立自己的形象，增加自己的人格魅力和吸引力。

幽默是一种高级的谈话艺术。一个成熟的人懂得在适当的场合恰如其分地运用幽默，将局面扭转过来，使冲突在风趣中得到缓和。幽默是智慧的产物。幽默者不仅是为了摆脱困境，保护自己，更是为了塑造自我、完善自我。

幽默是有修养的表现，是一种高雅的风度。幽默会给人带来欢乐和幸福。世界上不少著名人士都具有幽默感。邓小平曾对人说：“天塌下来我也不怕，因为有高个子顶着。”幽默来自良好的心态和乐观的个性，一个具有幽默感的人在与别人的交往过程中更容易获得信任和喜爱。

幽默是一种修养、气度和胸怀。在日常生活中，人们之所以常常对有幽默感的人刮目相看，就是因为幽默的人常常为人们撑起一片风和日丽的天空，散发着幽雅的文明气息，给人以平和安宁之感。

故事穿越

20 世纪 20 年代初，郑振铎在上海结婚，新娘是高君箴。婚礼采用的是“文明结婚”仪式。按规定，结婚人的双方家长，均须在结婚证书上加盖私章。

婚礼前日，郑振铎才想起他的母亲并没有印章，于是去信请瞿秋白代刻一方应急。当天便收到了瞿秋白的回信，里面只有一张“秋白篆刻润格”，内言：“石章每字二元，一周取件。限日急件，润格加倍。边款不计字数，概收二元。牙章、晶章、铜章另议。”郑振铎看后，以为这是瞿秋白事忙不能代刻的托辞，便另请人急刻了一方备用。

次日上午，婚礼即将开始的时候，有人送大红喜包一件，上面写着：“振铎先生君箴女士结婚志喜，贺仪五十元。瞿秋白。”喜包内并无现金或礼券，却有三方田石印章。一方是郑老夫人的；其余为新郎新娘各一方。

郑老夫人是单章稍大，新郎新娘的两方合成一对，边款分别刻有“长乐”二字，祝贺新人长乐永康，白头偕老。另外郑振铎与高君箴也都是福建长乐县人，取意双关。三章均玲珑雅致，主人把玩欣赏了一会儿，才悟出所书“贺仪五十元”的缘由。原来三章共刻 12 字，润格应为 24 元；急件加倍，则为 48 元；边款 2 元，所以说是“贺仪五十元”。瞿秋白这一出人意料之趣举，为郑高二人的婚礼增添了一些特别的喜庆气氛，一时之间被传为佳话。

故事微语

幽默是一种才能、财富、灵气、境界和风度。著名作家老舍先生曾经说过：“幽默者的心是热的。”德国诗人歌德说：“幽默只适用于有教养的人，因此并非每个人都能懂得每件幽默作品。”

生活中不能没有幽默，要培养自己的幽默感，首先应加强自身的思想文化修养，要与人为善，注意培养自己的机智、敏锐和乐观主义精神，其次还要多学习诙谐风趣的开玩笑方式，注意领会幽默的本质并加以吸收。总之，不断实践，坦率、豁达地与人交往，幽默感就会渐渐增强。

心灵箴言

幽默和风趣是智慧的闪现。

——[英] 莎士比亚

幽默来自智慧，恶语来自无能。

——松林

幽默是表明工人对自己事业具有信心并且表明自己占着优势的标志。

——[德] 恩格斯

幽默，可以说是能给人以微妙感的调剂生活的佐料。由于某种轻巧的幽默，就可以使当时的气氛为之改观，使陷于僵局的悬案豁然解决。

——[日] 大平正芳

幽默是一种能力，一种了解并表达幽默的能力；幽默力量是一种艺术，一种运用幽默和幽默感来增进你与他人的关系，并改善你对自己做真诚评价的一种艺术。

——[美] 特鲁

恬静淡然，宁静的境界是高远

故事话题

杰克和约翰在大学毕业以后，一起来到某座大城市打拼。因为杰克在工作中表现得非常努力，所以很快就取得了第一次小小的成功，这时候，约翰的心态发生了微妙的变化，他开始嫉妒杰克，心理变得越来越不平衡。

从此之后，约翰总是介怀于杰克的种种变化。当杰克得意成功的时候，约翰在大多数时间是羡慕的，但同时也带着几分嫉妒和怨天尤人；当杰克遭逢坎坷与困难的时候，约翰一方面沾沾自喜，另一方面又带着几分幸灾乐祸，同情着杰克。

几十年就这样过去，杰克按照自己的规划走过了丰富多彩的一生。而约翰呢，却在嫉妒与怨天尤人中迷失了自己，渡过了自己碌碌无为的一生。当约翰临终的时候才幡然醒悟，他对自己的子女这样讲道："内心的恬静淡然才是我们的最大财富啊！"

故事解析

人的心灵有时需要宁静的积淀。即使是广阔的大海，它有时也静若淑女，静谧而和谐，平若镜子。这和我们的人生一样。宁静，并非是心里真的什么也没有想，而是在这清幽优雅的环境中，让我们集中精力去用心思考人生的一切。

现在的社会，很多人没有一种宁静的心态积淀，他们一天天为了自己滋生的欲望而奔波忙碌，使自己的心总处于一种过高目标的期望之中，所以他们总体会不到生活的美好，感觉不到生活的幸福。而如果没有对物质的贪欲，就能保持着一种健康的精神状态。

萨特在剧本《苍蝇》中说：“神与国王都有痛苦的秘密，那就是——人类是自由的。”我们在辛劳奋斗的间隙，不妨远离眼前的纷繁芜杂，放下大脑紧张的束缚，留给自己一份静谧，只有这样，才能更加清楚地认识自己，才能更加理智地对待人生的一切。

故事穿越

一位心浮气躁的年轻人去拜访禅师。他问禅师：“我这辈子忙忙碌碌却一直没有取得任何成绩，难道我的人生就注定这么过吗？您说这世界上真的有命运吗？”

那位禅师说：“这个世界上当然有命运。”

禅师让这个年轻人伸出左手给他看，一面还说：“你看清楚了，这条斜线叫事业线，这条横线叫作爱情线，这条竖线叫作生命线。”

然后禅师又让这个年轻人将自己的左手慢慢地握起来，握得紧紧的，然后问他：“你说这几条线现在在哪里？”

这个年轻人回答：“在我的手里啊。”

禅师说：“对，命运就在你的手里，静下心来，调整好你的情绪和心态吧！不要让自己的灵魂太浮躁了。”

那个年轻人立即恍然大悟，谢了禅师而去。

故事微语

保持一种宁静的心境，会使自己心胸更宽广一些，会把得失看得淡然一些。得不骄，失也不怒。其实，宁静并非逃避，宁静是繁忙之后的清醒，清醒则可以使我们的目标更为明确，精力更加充沛，享受宁静是我们暂时的心灵修补，享受宁静是我们心灵的加油站。

在这个处处压力、处处竞争、处处有机遇的社会，我们如果不能以正确的心态去对待这一切的话，就难以以宁静的心境去应对。

古今中外，很多名人雅士以平静沉着、生活简朴展现自己高尚的情趣。莎士比亚曾说："河床愈深，水面愈平静。"歌德也说："天才在寂静中形成，在人生的激流中形成特性。"从而成就他们自己的志向。

"定而后能静，静而后能安，安而后能虑，虑而后能得。"我们每个人如果能够做到在繁忙的间隙，去"宁静"一番，以确保自己处于更佳的挑战生活的心态，使自己活得轻松一些，这难道不也是一种愉快，一种致远吗？

心灵箴言

非淡泊无以明志，非宁静无以致远。

——诸葛亮

泰山崩于前而色不变，麋鹿兴于左而目不瞬。

——苏洵

宠辱不惊，看庭前花开花落；去留无意，望天上云卷云舒。

——陈继儒

举止优雅，行为美高于相貌美

故事话题

郭婉莹是上海永安百货公司创办人的女儿，她接受了良好的教育，在伦敦长大，回国就读于基督教会中学、燕京大学。无论任何时刻，她都永远不变地保持着优雅。

文革时期，郭婉莹可以穿着旗袍去清洗马桶，穿着皮鞋站在菜场里卖咸蛋。当她独自从劳改农场回家，听法院的人来宣读对她冤屈去世的丈夫的判决书时，她也不哭闹，泪水只在心中流淌。

在郭婉莹晚年时，有记者问起她在那劳改岁月里如何能好好地活下来？她优雅地挺直背：“那些劳动，有助于我保持身材的苗条。”

在郭婉莹 86 岁的时候，与三个年轻女孩儿外出。她们在一起走了几分钟，那三个女孩儿感到，像是三个男子陪一个迷人的美女去餐馆，而不是三个女孩儿在陪一个老太太。

故事解析

郭婉莹的举止总是优雅的，她得到了大家的尊重和敬爱。爱默生曾说：“优美的身姿胜过优美的容貌，而优雅的举止又胜过优美的身姿。优雅的举止是最好的艺术，它比任何绘画和雕塑作品更让人心旷神怡。”

真正的优雅出自善良，出自对别人发自内心的关心。如果希望别人尊重自己，就要尊重别人，就要关注别人的思想、情感。举止优雅的人总是能够做到尊重他人的思想，控制自己的情绪。

故事穿越

严幼韵是第一个将小轿车开进复旦大学校园的校花，她的丈夫是驻菲律宾马尼拉领事馆的杨总领事。日寇侵华的时候，杨总领事因拒绝为日军筹集物资，与七名外交官一起被枪杀在异乡的稻田里。

已有三个孩子的严幼韵，偕领事馆其他几位遇害人员的遗孀、子女，在小岛上顽强生存。她卖掉了自己的珠宝首饰，在花园里种菜，学会了制作酱油与肥皂，学会了养鸡养鸭……她所有值钱的东西中，唯一没有变卖的是一架钢琴。晨曦晓露，夕阳西下，严幼韵都会敲响琴键。

日本投降后，严幼韵携儿带女到了纽约，应聘联合国礼宾司礼宾官。她以流利纯正的英语、优雅大方的气质从几百人中脱颖而出，工作到65岁退休。1958年，严幼韵与著名的外交家顾维钧结婚。

在严幼韵百岁生日的派对上，她身着宝蓝底、红玫瑰花的旗袍，与孙子翩翩起舞。主持人曹可凡问她：“严先生，你穿着高跟鞋累吗？”她嫣然一笑：“我一辈子穿高跟鞋，习惯了。”

严幼韵沉静内敛、举止优雅。人生的跌宕起伏让她志若磐坚，胸中千沟万壑。

故事微语

举止优雅的人总是特别谦恭，他们靠优雅的行为而不是言语来表达自己的内在品质。如同天赋一样，性格对于个人的成功有着重大的影响。优雅的举止是一个人的外在魅力之一，从一个人的举止中我们可以看到他的内心世界。

优雅是优美雅致的组合，是自然恬适的展现。优雅，源于人们对生活的热爱，是一种精致的生活状态。优雅是在岁月的磨砺中，不断地自我完善，不断地自我纯净，是才情与修养的巧妙结合，是生命内蕴和智慧的纯真流泻。

举止优雅的人是一道亮丽的风景，他们不善张扬，工作时兢兢业业，一丝不苟，同时，他们热爱祖国，关爱朋友，善解人意。我们也要努力把自己培养成一个举止优雅的人。

心灵箴言

端庄即至美，严肃乃极乐。

——[美] 威·沃森

举止优雅的人总是最迷人的。

——佚名

举止优雅的人更能得到别人的尊重。

——佚名

第五篇

积极心态：正确掌控影响力

当我们以积极的心态来面对生活的时候，就会发现很多美好的东西；而当我们以消极的心态来面对生活的时候，就会发现许多沮丧的东西。生活的快乐与否，在很大程度上取决于你对生活的态度。让我们以积极的心态来正确掌控影响力吧！

人贵有自知之明，不要迷失自我

故事话题

1952 年 11 月 9 日，以色列首任总统魏茨曼逝世。在此前一天，以色列驻美国的大使便向爱因斯坦转达了以色列总理本•古里安的信，正式邀请爱因斯坦为以色列的总统候选人。

当日晚，一位记者给爱因斯坦打来电话，询问他："听说要请您出任以色列共和国总统，教授先生。您会接受吗？"

"不会。我当不了总统。"

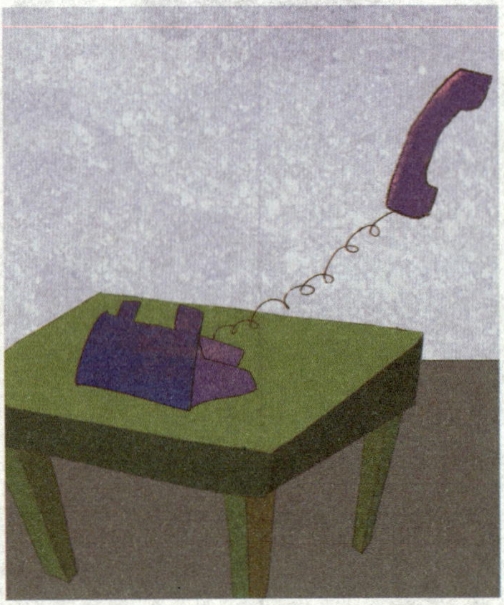

"总统没有多少具体事务，他的位置是象征性的。教授先生，您是最伟大的犹太人。不，不，您是全世界最伟大的人。由您来担任以色列总统，象征犹太民族的伟大，再好不过了。"

"不，我干不了。"

爱因斯坦刚放下电话，电话铃又响了。这次是驻华盛顿的以色列大使打来的。

大使说："教授先生，我是奉以色列共和国总理本•古里安的指示，想请问一下，如果提名您当总统候选人，您愿意接受吗？"

"大使先生，关于自然，我了解一点，关于人，我几乎一点也不了解。我这样的人，怎么能担任总统呢？请您向报界解释一下，给我解解围。"

大使进一步劝爱因斯坦："教授先生，已故总统魏茨曼也是教授呢。您能胜任的。"

"魏茨曼和我不是一样的。他能胜任，我不能。"

"教授先生，每一个以色列公民，全世界每一个犹太人，都在期待您呢！"

爱因斯坦被同胞们的好意感动了，但他依然没有接受这个建议。

不久，爱因斯坦在报上发表声明，正式谢绝出任以色列总统。因为在他看来，"当总统可不是一件容易的事"。同时，他还再次引用自己的话："方程对我更重要些，因为政治是为当前，而方程却是一种永恒的东西。"

故事解析

爱因斯坦是一位伟大的科学家，他同时也坦言自己更擅长方程，无法胜任一国的总统。俗话说：“人贵有自知之明。”生活中，导致失败的原因，往往是当事者没有自知之明。归根结底，还是他们不了解自己，但是他们并不清楚这一点。

自高必危，自满必溢。要真正了解自我，就必须换个角度看自己。首先，要客观地审视自己，跳出自我，包括对自己的学识能力、人格品质等进行自我评判，切忌妄自尊大。其次，要不断地进行完善自我，有则改之，无则加勉。天外有天，人外有人；尺有所短，寸有所长。切不可妄自尊大。

故事穿越

战国时期，齐威王的相国邹忌长得身高八尺，相貌堂堂。与邹忌同住一城的徐公也长得一表人才。

一天早晨，邹忌起床穿好衣服后，信步走到镜子前仔细端详自己的模样。他觉得自己长得的确高人一等，于是随口问妻子说：“你看，我跟城北的徐公比起来，谁更漂亮？”

他的妻子走上前去，回答说：“您长得多漂亮啊，那徐先生怎么能跟您比呢？”

邹忌心里不大相信，因为徐公是大家公认的美男子，自己恐怕长得不如他好看，所以他又问他的妾，说：“我和城北徐公相比，谁漂亮些呢？”

他的妾连忙说："大人您比徐先生漂亮多了，他哪能和大人相比呢？"

第二天，有位客人来访，邹忌想起昨天的事，就顺口问客人："您看我和城北徐公相比，谁漂亮？"客人毫不犹豫地回答："徐先生比不上您，您比他漂亮多了。"

邹忌做了三次调查，大家一致都认为他更漂亮。可是邹忌并没有就此沾沾自喜，认为自己真的比徐公漂亮。

恰巧过了一天，徐公登门拜访邹忌。邹忌第一眼看到徐公那气宇轩昂的形象就怔住了。两人交谈的时候，邹忌忍不住打量着徐公。他自觉自己长得不如徐公。为了证实这一观点，他偷偷从镜子里面看看自己，再调过头来瞧瞧徐公，结果更加确认了自己之前的观点。

晚上，邹忌躺在床上，反复思考着这件事情。既然自己并不比徐公漂亮，为什么妻、妾和那个客人却都说自己比徐公漂亮呢？想到最后，他总算找到了答案。邹忌自言自语地说："原来这些人都是在恭维我啊！妻子说我美，是因为偏爱我；妾说我美，是因为害怕我；客人说我美，是因为有求于我。看起来，我是受了身边人的恭维赞扬而认不清真正的自我了。"

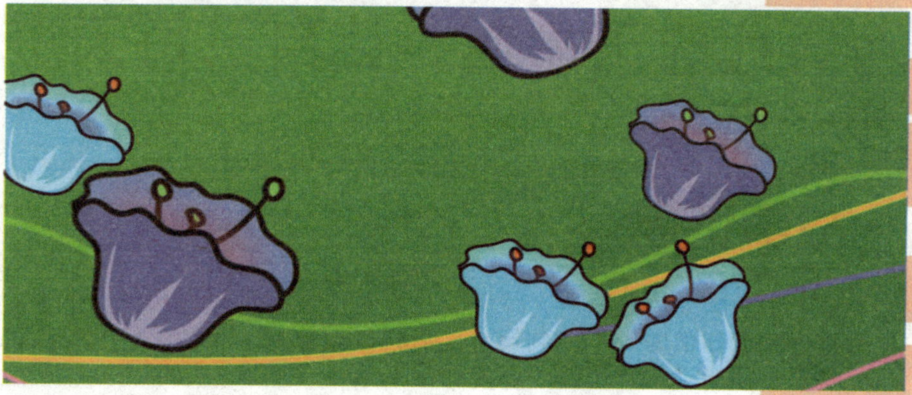

故事微语

这则故事告诉我们，人在一片赞扬声里的时候一定要保持清醒，更要有自知之明，才不至于迷失方向。可怕的自我陶醉比公开的挑战更危险。自以为是者不足，自以为明者不明。自明，然后能明人。

只有真正了解自己的优势和劣势，避己所短，扬己所长，才能对自己的人生坐标进行准确定位。当你认识到自己的缺点的时候，也就是进步的开始。

心灵箴言

人生最困难的事情是认识自己。

——[巴西] 特莱斯

知人者智，自知者明。胜人者有力，自胜者强。

——老子

无论在什么时候，永远不要以为自己已经知道了一切。不管人们把你们评价得多么高，但你们永远要有勇气对自己说：我是个毫无所知的人。

——[俄] 巴甫洛夫

伟大的人是决不会滥用他们的优点的，他们看出他们超过别人的地方，并且意识到这一点，然而绝不会因此就不谦虚。他们的过人之处越多，他们越认识到他们的不足。

——[法] 卢梭

今天比昨天卓越，让自己每天进步一点点

故事话题

日本在二次大战结束后，经济一片萧条，日本企业界从美国请来一位叫戴明的管理学博士，他到日本之后就告诉他们一个观念——每天进步一点点。戴明说：“企业只要能够每天进步一点点，这个企业就一定能够茁壮成长。”就这么一个简单的观念被日本人采用了，所以，日本的企业每天都在研究如何进步一点点。这个信念造就了松下、本田和三菱的成功，使日本快速成为经济强国。

日本人几乎不会去发明任何东西，他们通常都是在模仿别人已经有的东西，然后加以改善，就像索尼发明随身听，虽然他没有发明收音机，可是却把收音机改善成为随身听，就是源于这个信念。直至今日，日本的先进企业获得的最高荣誉奖是“戴明博士奖”，可见日本人对戴明博士的尊重程度有多高。

后来，陷入困境的美国福特汽车公司把戴明博士再次请回去，戴明依然告诉福特公司：“每天进步一点点！”不久后，福特公司从倒闭的边缘摇身变成了年营业额超过60亿美元的大型企业。

$60亿
Ford

故事解析

实际上，人生就是一个追求比昨天更卓越的过程。每个人对成功的看法都不一样，但有一点毋庸置疑，成功就是每天进步一点点——只要我们今天比昨天进步一点点，明天能比今天进步一点点，这样的过程就是成功。

每天进步一点点，这也是成功的绝招。只要每天踏踏实实地做一点，哪怕事情再小，时间长了，当你回望的时候，你会发现，你已经走出了很远。从现在起，让我们也每天进步一点点，为未来的成功做好努力吧！

故事穿越

有一个美国教练，他始终以“每天进步一点点”这个观念作为自己的执教之道，从而成就了很多球队。

洛杉矶湖人队以年薪120万美元聘请他来当教练，帮助他们提升战绩。

教练来到球队之后要求他的球员：“可不可以罚篮进步一点点，传球进步一点点，抢断进步一点点，篮板进步一点点，远投进步一点点，每个方面都能进步一点点？”

球员一想：这么容易，进步一点点当然可以了。

很快，湖人队成为NBA总冠军。教练总结说，因为12个球员一年在5个技术环节中分别进步1%，所以一个球员进步5%，而全队进步了6%。

故事微语

生活中，只要我们每天进步一点点，那么一年就进步365个一点点，持续这样做，人生中任何一点点差距都有可能在几年后拉开差距。每天进步一点点，应该成为我们的目标。

当今社会，科技飞速发展，越来越快的节奏，青少年更加应该注意刻苦地练习，假以时日，才有可能获得成功。

一步登天做不到，但一步一个脚印可以做到；一鸣惊人不好做，但认真做好一件事可以做到；一举获得成功不容易做到，但每天进步一点点有可能做到。其实，每天进步一点点，就是在不动声色中酝酿一个真实感人的神话。让我们脚踏实地地每天进步一点点吧！

心灵箴言

努力学习，勤奋工作，让青春更加光彩。

——王光美

人生中最重要的不是位置，而是前进的方向。

——冯宇学

谁要是游戏人生，他就一事无成；谁不能主宰自己，永远是一个奴隶。

——[德] 歌德

在奋斗的过程中，永远不满足自己的现状

故事话题

有一个年轻人跟随师傅学艺多年，他自认为已经将师傅的本领全部学到手了，便去向师傅辞行。

“师傅，我已经把您的手艺全部学会了，可以出师了吧？”

师傅望了望徒弟，笑着说：“你去装一大碗石子来吧，要装得满满的，直到装不下为止。”

徒弟很快装来了满满的一碗石子。师傅问：“满了吗？”“满了！”师傅随手抓了一把地上的沙子，放进了碗里，沙子很快就渗入到了石子中，没有溢出来。“满了吗？”师傅再问。“满了！”师傅又往碗里倒了一杯水下去，仍然没有溢出来。

年轻人这才明白师傅的良苦用心，从此踏踏实实地继续跟从师傅学手艺。

故事解析

一个人永远不要有“满”的感觉。唯有“不满”，才能督促自己不断地进步，最终由“不满”趋向于“满”，获得一定的成就。

有的人在取得了一点小小的成绩之后就沾沾自喜，以为自己有了很大的收获，这就是人们平时所说的骄傲自满。其实，这是一种心理不成熟的表现。

我们是祖国的未来，是早上八九点钟的太阳，是正值人生奋斗的年纪，我们要学会不满足，努力开创自己更加精彩的明天！

故事穿越

摩托罗拉公司是世界百强企业之一，是全球芯片制造、电子通信的领导者。摩托罗拉公司在完善自身的过程中设立了“畅所欲言箱”和“建议箱”，员工可随时抽取表格，署名填写有关建议和意见，公司领导必须及时给予答复。

有一次，一名职工因食堂的饭菜过咸提出了意见，很快便得到反馈，公司也因此做了改善。对员工的各种合理化建议，公司即使目前执行不了，也要有说明，以保护员工的积极性。

同时，每个员工都要积极参加公司组织的“让顾客完全满意”小组的活动。其目标是以最完善的工作质量，赢得下一道工序的满意。

美国《幸福》杂志在评价摩托罗拉公司的时候指出，摩托罗拉公司是质量管理的坚持者、技术革新的先驱者和新产品的实践者。

当有人试探性地询问摩托罗拉公司是否还有缺点时，该公司的管理人员笑着回答：“我们的缺点就是永远不满足现状。”正是由于摩托罗拉公司这样永不满足，追求令顾客完全满意的思维，使得摩托罗拉公司成为美国最为荣耀的企业之一。

故事微语

一个人不能满足于现状，要不断地学习，不断地设定新的目标，只有这样，才可能有更辉煌的人生。一个容易满足的人，不容易获得大的成就，他们缺乏前进的动力，缺乏必胜的信心。

诚然，与“不满足现状”观点恰恰相反的是“知足常乐”，当前，很多人都提倡无欲无求、满足于现状，并认为这才是人生的最高境界。实际上，这两个观点并不矛盾，一个人在奋斗的过程中，不要满足现状，但要接受现实，满足于现实。

心灵箴言

不满足是向上的车轮。

——鲁迅

不安于现状的人，必要向前走！

——冰心

攀登科学高峰，就像登山运动员攀登珠穆朗玛峰一样，要克服无数艰难险阻，懦夫和懒汉是不可能享受到胜利的喜悦和幸福的。

——陈景润

不为失败找借口，只为成功找方法

故事话题

汉武帝经常出巡以向子民们示意自己治国的决心。有一次，他将要出巡，路过宫门口的时候看到一位头发花白的老人，正穿着很旧的衣服，站在门口认真地检查出入宫门的人。

汉武帝问老人："先生是否早任此郎官之职？为什么年纪已老还做郎官？"

老人回答说："我姓颜名驷，江都人。从文帝起，经三朝一直担任此职。"

汉武帝问："你为什么没有得到升官的机会？"

老人回答说："汉文帝喜好文学，而我喜好武功；后来汉景帝喜好老成持重的人，而我又年轻喜欢活动；如今您做了皇帝，喜欢年轻英俊有为之人，而我又年迈无为了。因此，我虽然经过三朝皇帝，却一直没有升官。"

故事解析

老人之所以没能够获得升官，其实有一部分原因是他没有为成功找方法，却为失败找借口。人的一生中总会有些遗憾，我们应该学会从错误中寻找正确，从失败中寻找成功，从黑暗中寻找光明，从不完美中寻找完美。

很多成功人士在遇到困难的时候，总是在想办法解决这些困难，而不是首先为自己找一堆借口，并以此来掩饰自己的过错和失败。他们知道借口是事业成功的最大障碍，凡事都要从自己的身上找原因，其它任何借口对于自己的成功而言，没有任何的好处。

故事穿越

胡闻俊出生在四川，家境贫寒，初中毕业后便就外出打工了。

1997 年 7 月，胡闻俊成了一家房地产代理公司的发单员，底薪 300 元，不包吃住，发出的单子做成生意，才有一点提成。

上班第一天，老板潘石屹讲了很多鼓励大家的话，其中让让胡闻俊印象深刻的是一句“不找借口找方法，胜任才是硬道理”。

上班后，胡闻俊干劲十足，每天早晨 6 时准时出门，晚上 12 时还在路边发宣传单。胡闻俊拼命地干了 3 个月，发出去的单子最多，收到的反馈也最多，却没有做成一单生意。为了给自己打气，胡闻俊把潘石屹告诉自己的那句“不找借口找方法，胜任才是硬道理”写在卡片上，随时提醒自己。

胡闻俊的业务渐渐多起来，公司把他从发单员提拔为业务员。当时，公司销售的楼盘是位于北京市西三环的高档写字楼，每平方米价值 2000 美元。这种高档写字楼，每卖出一套，便会得到丰厚的提成回报。胡闻俊暗自高兴，以为马上就有钱了。然而，两个月过去了，胡闻俊一套房都没卖出去。

终于有一天，有一个客户来找胡闻俊。此时的他喜忧参半，喜的是终于有了客户，忧的是不知该如何谈客户。胡闻俊脸憋得通红，手心直冒汗。除了简单地介绍了一下楼盘的情况外，胡闻俊不知道还可以讲些什么，只能傻傻地看着对方。结果，客户失望地走了。

“不找借口找方法，胜任才是硬道理。”胡闻俊继续给自己鼓劲，开始苦练沟通技巧，主动跟街上的行人说话，介绍楼盘。两个月后，沟通技巧提高了许多。

但是胡闻俊的业绩并没有因此提高太多，在业务员里仍然属于比较差的。

1998 年 8 月，公司组建成 5 个销售组，采取末位淘汰制，胡闻俊处在被淘汰的边缘。这时胡闻俊对“胜任才是硬道理”有了更加深刻的认识，要胜任就必须找到好方法。因此，当经验丰富的业务员跟客户交流时，胡闻俊就坐在旁边认真地听，看他们如何介绍楼盘等。除此之外，胡闻俊还买了很多关于营销技巧的书来学习。胡闻俊的业绩开始稳步上升。

后来，胡闻俊一个赛季的销售额达到6000万元，在公司排名第一。之后胡闻俊竞选当上销售副总监。他一上任就开始精心培训手下的员工，将自己的经验毫无保留地传授给大家。胡闻俊说："只有大家都好了，我的境遇才会更好。"结果，这个赛季结束，胡闻俊的组取得很好的成绩，销售额达到8000多万元，租赁也达5000多万元。

此后，胡闻俊所带团队的业绩一直名列前茅，胡闻俊的收入自然提高，每年的收入都在100万元以上。

故事微语

失败并不可怕，可怕的是做不到正视失败。正所谓，失败是成功之母，很多时候，挫折和失败对我们来说也是一种磨砺，这可以令我们更好地成长。而如果只是一味地为自己的失败寻找借口，借此来让自己的心灵获得释然的话，成功终将离我们越来越远。

“不为失败找借口，只为成功找方法。”是一种积极向上的生活态度，它鞭策我们继续前行，不停止步伐，不颓废。

心灵箴言

找借口好吗？我的成功归于：我从不找借口，也绝不接受借口。

——[英] 南丁格尔

成功与借口永远不会在一起：选择成功就要没有借口，选择借口就不会有成功。

——陈安之

不要企图掩饰自己知识上的缺陷，哪怕是用最大胆的猜度和假设作为借口来掩饰。

——[俄] 巴甫洛夫

释放出你的热情，点燃魅力的火把

故事话题

塞克斯是美国的一个推销员，凭着高超的推销技艺，他叩开了无数企业的大门。

一次，塞克斯路过一家商场，进门后他先向店员做了问候，然后就与他们攀谈起来。通过闲聊，塞克斯了解到这家商场有许多不错的条件，于是想将自己的产品推销给他们，却遭到了商场经理的拒绝。经理很直白地说："如果进了你们的货，我们是会亏损的。"塞克斯并没有因此而善罢甘休。他动用了各种销售技艺试图说服经理，但最终也是无济于事，最后塞克斯只好十分沮丧地离开了。

塞克斯驾着车在街上溜达了几圈后决定再回商场。当他重新走到商场门口的时候，商场经理竟笑容满面地迎上前，不等他辩说，便决定订购一批产品。

塞克斯被这突如其来的状况搞懵了，不知道是什么原因改变了经理的决定，最后还是商场经理自己道出了缘由。他告诉塞克斯，一般的推销员到商场后很少与营业员聊天，而塞克斯首先与营业员聊天，而且聊得很融洽；同时，被他拒绝后又重新回到商场来的推销员，塞克斯是第一位，他的热情感染了自己，为此也征服了自己，对于这样的推销员，自己根本就没有什么理由再拒绝了。

XX百货公司

故事解析

在你的人际交往中，如果你能够释放出自己的热情，它便会形成一股不可抗拒的力量，而这股力量也必将感染周围所有的人，这就是热情的力量。

一位神学教授说：“成功、效率和能力的一项绝对必要条件就是热情。”黑格尔也曾经说过：“没有热情，你在公众中的良好形象永远只能是空谈。”

对工作和生活充满热情的人，就能用热情点亮魅力的火把。凭借着这火把的能量，他的人生会变得更加精彩。因此，无论是学习中还是在人际交往中，请努力地释放你的热情，用热情点亮你的魅力火把，你必将会收获意想不到的惊喜。

故事穿越

美国著名的脱口秀主持人拉里·金出生在纽约的布鲁克林区，10岁的时候父亲因心脏病去世，他靠着救济金长大成人。

拉里·金从小就向往广播生涯，从学校毕业后他首先到了迈阿密一家电台当管理员，经过一番努力才坐上主播台。

拉里·金曾经写了一本有关沟通秘诀的书，书里提到他第一次担任电台主播时的经历。

那天是星期一，上午8：30，他走进了电台，十分紧张，于是不断地喝咖啡和开水来润嗓子。

上节目前，老板特地前来为他加油，还为他取了个艺名：“你叫拉里·金好了，既好念又好记。”

从那一天开始，他拥有了一个新的工作、新的节目与新的名字。

节目开始时，拉里·金先播放了一段音乐，就在音乐播完，准备开口说话的时候，他的喉咙却像是被人割断似的，一点声音也发不出来。

结果，拉里·金连播了三段音乐，仍然一句话也没能说出来，这时，他才发现：“原来，我还不具备做专业主播的能力，或许我根本就没胆量主持节目。”

这时，老板突然走了进来，对着拉里·金大声喊道说：“你要记得，这是个沟通的事业！”

听到老板的提醒，拉里·金再次努力地靠近麦克风，并尽全力开始了他的第一次广播：“早安！这是我第一天上电台，我一直希望能上电台……我已经练习了一个星期……15 分钟前，他们给了我一个新的名字，刚刚我已经播放了主题音乐……但是，现在的我却口干舌燥，非常紧张。”

拉里·金结巴着说了很多话，只见老板不断地开门提示他：“这是项沟通的事业啊！”

终于能开口说话了，他的信心似乎也被唤回来了。这天，拉里·金终于实现了梦想，也成功地实现了梦想！从此以后，拉里·金不再紧张了，因为第一次广播经验告诉他，只要能说出心里的话，人们就会感受到他的真诚与热情。

对拉里·金来说，广播对自己的人生起着举足轻重的影响。所以，他一直告诉后来者：“投入你的感情，表现出你对生活的热情，让人们能够真正地体验享受你的真实感受。然后，你就会得到你想要的回报。”

故事微语

拉里·金在奋斗的道路上所体悟出来的成功秘诀，不也正是每个希望成功经营自己事业的人最为有用的成功指引吗？

热情之于事业，就像火柴之于汽油，一桶再昂贵的汽油，如果没有一根火柴将它点燃的话，无论汽油的质量如何好，也不会发出半点光亮和热度。而热情就像火柴，它能给你的事业带来无穷的动力。

热情的人能更快、更好地取得成就，让我们以热情的心态来对待自己的工作和生活吧！

心灵箴言

智慧的最大成就，也许要归功于激情。

——[法] 沃韦纳戈

历史给我们的最好的东西就是它所激起的热情。

——[德] 歌德

热情常使最机灵的人变成疯子，同时也可使最愚蠢的人变得聪明起来。

——[法] 拉罗什夫科

激情，这是鼓满船帆的风。风有时会把船帆吹断；但没有风，帆船就不能航行。

——[印度] 泰戈尔

心灵榜样微史话

刘备

刘备，字玄德，东汉末年幽州涿郡涿县人，西汉中山靖王刘胜的后代，三国时期蜀汉开国皇帝，政治家，史家又称他为先主。

刘备少年时与公孙瓒拜卢植为师求学，而后参与镇压黄巾起义。与关羽、张飞先后救援过北海孔融、徐州陶谦等。陶谦病亡后将徐州让与刘备。

刘备早期颠沛流离，投靠过多个诸侯，后于赤壁之战与孙权联盟击败曹操，趁势夺取荆州，而后进取益州，建立蜀汉政权。陈寿评刘备机权干略不及曹操，但其弘毅宽厚，知人待士，百折不挠，终成帝业。刘备自己也曾说过，自己做事“每与操反，事乃成尔”。

公元 221 年，刘备在成都称帝，国号汉，年号章武，史称蜀或蜀汉，占有今四川、云南大部、贵州全部，陕西汉中和甘肃白龙江一部分。

张良

张良，字子房，汉族，颍川人，秦末汉初杰出的谋士、大臣，与韩信、萧何并列为“汉初三杰”。

张良的祖父、父亲等先辈在韩国的首都阳翟任过五代韩王之相。秦国灭亡了韩国，张良图谋恢复韩国，从事抗暴活动，结交刺客，在博浪沙狙击秦始皇，未成。后更姓换名，亡匿下邳，遇黄石公，得《太公兵法》，深明韬略，足智多谋。秦末农民战争中，聚众归刘邦，为其主要“智囊”。灞上分封时“为汉王请汉中地”。后韩王成被项羽杀害，复归刘邦，为其重要谋士。

曾劝刘邦在鸿门宴上卑辞言和，保存实力，并疏通项羽叔父项伯，使刘邦得以脱身。后又以出色的智谋，协助汉高祖刘邦在楚汉战争中最终夺得天下，被封为留侯。

张良精通黄老之道。不留恋权位，晚年据说跟随赤松子云游。张良去世后，谥为文成侯。

许鞍华

许鞍华，香港著名电影导演，祖籍辽宁鞍山，父亲是国民党文书，母亲是日本人。许鞍华曾在香港大学进修英国文学及比较文学，获文学硕士学位，后赴英国深造，在伦敦电影学院攻读电影课程。

许鞍华是20世纪七八十年代香港新浪潮电影制作人中的著名一员，作品涉猎多种不同范畴，1990年拍摄半自传电影《客途秋恨》自喻身世，迄今已夺得四届香港电影金像奖的最佳导演奖、两届台湾电影金马奖最佳导演奖，曾担任香港电影导演会会长，2011年获得亚洲电影大奖颁发的终身成就奖。代表作有《疯劫》《投奔怒海》《女人四十》《天水围的日与夜》《桃姐》等。

成龙

1954年4月7日生于香港特别行政区香港岛中西区，祖籍安徽省，国家一级演员，大中华区影坛和国际功夫影星。

1960年进入中国戏剧学校学习戏曲，以武师身份进军电影圈。1970年自戏校毕业，因为自幼在影片中跑过龙套，所以希望往电影界发展。1978年吴思远邀成龙拍《蛇形刁手》和《醉拳》使其走红，1994年“贺岁片”概念电影《红番区》在美国公映后大受欢迎，使其成功打入好莱坞。1997年香港回归，江泽民主席在宴会上敬酒时称成龙为“大哥”，从此“大哥”的称呼成为了成龙的代名词。2007年，成龙被韩国民众选为代表“中国大人物”之一，仅次于毛泽东、邓小平，高居第三名。2012年8月24日《纽约时报》评选出史上20位最伟大动作巨星，成龙荣登第一位。2013年，成龙当选为全国政协委员。2014年2月14日，成龙再次当选为香港演艺人协会会长。

成龙与周星驰、周润发并称“双周一成”。他擅长功夫片，电影的诙趣风格及袁和平设计的活泼灵巧兼具杂耍性的武术动作，令成龙找到了自己在功夫片领域的发展方向，其主演的电影全球总票房已经超过200亿元。

贝多芬

路德维希·凡·贝多芬，德国著名的作曲家和音乐家，维也纳古典乐派代表人物之一，是“集古典主义之大成，开浪漫主义之先河”的伟大音乐家。他创作的作品对音乐发展有着深远的影响。祖父自从20来到波恩就做了那里的乐长。父亲是高音歌唱家，母亲出身低微，是一个厨子和女佣生的女儿。

贝多芬一共创作了9首编号交响曲、35首钢琴奏鸣曲、10部小提琴奏鸣曲、16首弦乐四重奏、1部歌剧、2部弥撒、1部清唱剧与3部康塔塔，另外还有大量室内乐、艺术歌曲、舞曲。他的作品对世界音乐的发展有着非常深远的影响，因此被尊称为“乐圣”，在世界交响音乐界，有着极其崇高的地位。著名作品有交响乐《英雄》、《命运交响曲》、《田园交响曲》、《合唱》，钢琴奏鸣曲《悲怆》、《月光》、《暴风雨》、《热情》、《幻想》，弦乐四重奏《大赋格》等。

阿尔伯特·爱因斯坦

阿尔伯特·爱因斯坦，德国物理学家。他于1879年出生于德国乌尔姆市的一个犹太人家庭，1900年毕业于苏黎世联邦理工学院，入瑞士国籍。1905年获苏黎世大学哲学博士学位。曾在伯尔尼专利局任职，在苏黎世工业大学担任大学教授。1913年返德国，任柏林威廉皇帝物理研究所所长和柏林洪堡大学教授，并当选为普鲁士皇家科学院院士。爱因斯坦在英国期间，被格拉斯哥大学授予荣誉法学博士学位。1933年因受到纳粹政权的迫害，脱离德国迁居美国，担任普林斯顿大学教授，从事理论物理研究工作，1940年写了一篇著名论文:《我不信仰一个人格化的神》。

爱因斯坦为核能开发奠定了理论基础，开创了现代科学新纪元，被公认为是继伽利略、牛顿以来最伟大的物理学家。1999年，爱因斯坦被美国《时代周刊》评选为“世纪伟人”。

亚伯拉罕·林肯

亚伯拉罕·林肯，美国政治家、思想家。第16任美国总统，其任总统期间，美国爆发内战，史称南北战争，林肯坚决反对国家分裂。他废除了叛乱各州的奴隶制度，颁布了《宅地法》、《解放黑人奴隶宣言》。但南北战争之后北方有几个支持联邦政府的州却仍被林肯允许可继续保有奴隶制度。林肯击败了南方分离势力，维护了美利坚联邦及其领土上不分人种、人人生而平等的权利。内战结束后不久，林肯遇刺身亡，是第一个遭遇刺杀的美国总统，也是首位共和党籍总统，曾位列最伟大总统排名第一位。

美国线上曾于 2005 年举办票选活动——“最伟大的美国人”，林肯被选为美国最伟大人物中的第二位。公众称他为“诚实的老亚伯”和“伟大的解放者”。他说自己永远是鞋匠的儿子。

莫扎特

沃尔夫冈·阿玛多伊斯·莫扎特，出生于神圣罗马帝国时期的萨尔兹堡，是欧洲最伟大的古典主义音乐作曲家之一。莫扎特无疑是一个天分极高的艺术家，在西方音乐历史中，只有他被毫无疑问地公认为音乐界的旷世奇才。

莫扎特谱出的协奏曲、交响曲、奏鸣曲、小夜曲、嬉游曲等等成为后来古典音乐的主要形式，他同时也是歌剧方面的专家，他的成就至今不朽于时代的变迁。此外其作曲风格同时兼具旋律及艺术性，悦耳开朗，却又不失优雅，令其作品同巴赫、贝多芬同一地位，亦能让人感受到音乐风格由巴洛克时期转向古典主义时期。也因狂飙运动显露出早期浪漫主义曲风，直接预示了贝多芬式的英雄性音乐的出现。他也是第一位公开脱离保护人的自由作曲家，使其人格备受后世音乐家敬仰。

大仲马

亚历山大·仲马，又称大仲马，法国 19 世纪浪漫主义作家。大仲马的著作达 300 卷之多，以小说和剧作为主。代表作有:《亨利三世及其宫廷》、《基度山伯爵》、《三个火枪手》等。

大仲马信守共和政见，反对君主专政。先后参加了 1830 年“七月革命”、1848 年推翻七月王朝革命、加里波第对那不勒斯王国的征战等活动。由于他的黑白混血人身份，其一生都受种族主义的困扰。2002 年，大仲马去世 132 年后，遗骸移入了法国先贤祠。

大仲马小说大都以真实的历史作背景，情节曲折生动，往往出人意料，有历史惊险小说之称。结构清晰明朗，语言生动有力，对话灵活机智等构成了大仲马小说的特色。大仲马也因而被后人美誉为“通俗小说之王”。

狄更斯

查尔斯·约翰·赫芬姆·狄更斯，19 世纪英国批判现实主义小说家。狄更斯特别注意描写生活在英国社会底层的“小人物”的生活遭遇，深刻地反映了当时英国复杂的社会现实，为英国批判现实主义文学的开拓和发展做出了卓越的贡献。他的作品至今依然盛行，对英国文学发展起到了深远的影响。主要作品有《匹克威克外传》、《雾都孤儿》、《老古玩店》、《艰难时世》、《我们共同的朋友》、《双城记》等。

狄更斯是高产作家，他凭借勤奋和天赋创作出一大批经典著作。他又是一位幽默大师，常常用妙趣横生的语言在浪漫和现实中讲述人间真相，狄更斯是 19 世纪英国现实主义文学的主要代表。艺术上以妙趣横生的幽默、细致入微的心理分析，以及现实主义描写与浪漫主义气氛的有机结合著称。马克思把他和萨克雷等称誉为英国的“一批杰出的小说家”。

居里夫人

玛丽亚·斯克沃多夫斯卡·居里，原籍波兰，法国著名科学家、物理学家、化学家。1867 年 11 月 7 日生于波兰首都华沙，1891 年随姐姐布洛尼斯拉娃至巴黎读书。在巴黎取得学位并从事科学研究，为巴黎和华沙“居里研究所”的创始人。

1903 年，居里夫妇和贝克勒尔由于对放射性的研究而共同获得诺贝尔物理学奖，1911 年居里夫人又因发现钋和镭而获得诺贝尔化学奖，成为历史上第一个两获诺贝尔奖的人。玛丽·居里的成就包括开创了放射性理论，发明分离放射性同位素技术，以及于 12 月 21 日发现两种新元素钋和镭。在她的指导下，人们第一次将放射性同位素用于治疗癌症。居里夫人是成功女性的先驱，她的典范激励了很多人。居里夫人由于长期接触放射性物质，于 1934 年 7 月 3 日因恶性白血病逝世。

心灵修养用语微解

执著：“执著”，也作“执着”，原为佛教语，指对某一事物坚持不放。泛指固执或拘泥，亦指对某种事物追求不舍。

相信：认为正确、确实而不怀疑。互相信赖，信任。单指信任对方。指互相信得过的人。认为正确或确实，不怀疑。

心情：心情是指无特定、普遍及能够广泛影响认知和行为的一种情感状态。一般而言，心情会受到外在环境和因素以及实物和药品的影响。

优势：在某些方面超过同类的形势。巴金《春天里的秋天》：“她的棋占着优势。”茅盾《船上》：“‘房舱’里的特色是南腔北调占了压倒的优势。”

专注：专心注意；精神贯注。陈廷焯《白雨斋词话》卷八：“盖兵贵精不贵多，精则有所专注，多则散乱无纪。”柔石《二月》：“他翻起一首极艰深的歌曲，他两眼专注地看在乐谱上。”

宽容：允许别人自由行动或判断；耐心而毫无偏见地容忍与自己的观点或公认的观点不一致的意见。宽大有气量，不计较或不追究。《荀子·非十二子》：“遇贱而少者，则修告导宽容之义。”

乐观：善于观察。喜欢观看。精神愉快，对事物的发展充满信心。与“悲观”相对。阳光积极，对自己对周围的一切都充满了信心，脸上会挂着阳光般的笑脸，认为一切都充满了美好与希望。

情绪：是对一系列主观认知经验的通称，是多种感觉、思想和行为综合产生的心理和生理状态。最普遍、通俗的情绪有喜、怒、哀、惊、恐、爱等，也有一些细腻微妙的情绪如嫉妒、惭愧、羞耻、自豪等。

智慧：高等生物所具有的基于神经器官的一种高级综合能力，包含有:感知、知识、记忆、理解、联想、情感、逻辑、辨别、计算、分析、判断、文化、中庸、包容、决定等多种能力。智慧让人可以深刻地理解人、事、物、社会、宇宙、现状、过去、将来，拥有思考、分析、探求真理的能力。

姿态：容貌神态，物体呈现的样子，风格，气度等。语出阮籍《咏怀》之五五：“委曲周旋仪，姿态愁我肠。”吴均《三妇艳诗》：“少妇多姿态，含笑逼清卮。”《清平山堂话本·风月瑞仙亭》：“聪慧过人，姿态出众。”丁西林《一只马蜂》：“姿态美丽，面目富有表情，服装精致。”

情绪：是对一系列主观认知经验的通称，是多种感觉、思想和行为综合产生的心理和生理状态。最普遍、通俗的情绪有喜、怒、哀、惊、恐、爱等，也有一些细腻微妙的情绪如嫉妒、惭愧、羞耻、自豪等。情绪常和心情、性格、脾气、目的等因素互相作用，也受到荷尔蒙和神经递质影响。

诚实：真实表达主体所拥有信息的行为，也就是行为忠于良善的心。“诚实”是褒义词，用于赞美一个人的好品质，它具有“善”的特质，它不等同于准确传达客观事实这样的意思。比如一个如实交代自己行凶过程的罪犯，我们不会用诚实来称赞他，而一个为保护无辜的人被迫说谎的人，我们也不能用不诚实来责备他。

行动：在生物学领域内，行动是指生物在空间的整体移动行为，例如动物的步行、奔跑、游泳、飞翔等。行动指主动的移动，不包括被气流、水流或其他生物带动所造成的空间移动。除某些固定附着生活的低等动物外，大部分动物都有特化的行动器官，它们的取食、生殖等基本生物活动也都要通过行动才能实现。

坚持：坚决保持住或进行下去。《新唐书·元澹传》：“岂悟章句之士，坚持昔言，摈压不申，疑于知新，果于仍故?”郑光祖《伊尹耕莘》第二折：“若坚持固辞，是故违君命，罪有所归也。”何良俊《四友斋丛说·史二》：“而老爷坚持此议，倘事有不测，则灭族之祸不远。”毛泽东《做一个完全的革命派》：“坚持真理，修正错误。”

影响力：一般认为指的是用一种为别人所乐于接受的方式，改变他人的思想和行动的能力。影响力又被解释为战略影响、印象管理、善于表现的能力、目标的说服力以及合作的影响力等。

真善美：真：真实，比如每个人都希望知道真相；善：有佛家与儒家之分，真诚引发良知而做出对别人有益而适当的行为；美：完美，从感知或情感出发。

心理暗示：是指人接受外界或他人的愿望、观念、情绪、判断、态度影响的心理特点。是人们日常生活中，最常见的心理现象。

外圆内方：为人处事之道，表面随和，内心严正。也指钱币历史故事。范晔《后汉书·郅恽传》：“案延资性贪邪，外方内圆，朋党构奸，罔上害人。”

人情练达：通晓待人处事的方法。人情：人情世故；练达：指阅历丰富，通晓世故人情。曹雪芹《红楼梦》 第五回：“世事洞明皆学问，人情练达即文章。”

才华横溢：才华充分显露。近义词：才华盖世、才高八斗、学富五车。反义词：才疏学浅。出处：春秋《胖人传》：“江南有一才子，才高八斗，学富五车，但人身矮体胖，人问其何故，其曰‘此乃才华横溢也’”

换位思考：设身处地为他人着想，即想人所想、理解至上的一种处理人际关系的思考方式。人与人之间要互相理解、信任，并且要学会换位思考，这是人与人之间交往的基础：互相宽容、理解，多站在别人的角度上思考。

出类拔萃：才干、实力、能力大大高出同类而拔尖。拔，超出；类，同类；萃，原为草丛生的样子，引申指同类丛聚。后以“出类拔萃”形容卓越出众，不同一般。语出《孟子·公孙丑上》：“圣人之于民，亦类也。出于其类，拔乎其萃，自生民以来，未有盛于孔子也。”《三国志·蜀志·蒋琬传》：“时新丧元帅，远近危悚。琬出类拔萃，处群僚之右。”